Philosophische Quellenhefte

Die neuen Lehrpläne haben zur Einbeziehung der Philosophie in den Unterricht verpflichtet. Der Schüler soll durch die Lektüre bedeutender Denker herangebildet werden zu einem selbständigen Verständnis philosophischer Werke. Dabei soll nicht ein systematisches Fachwissen vermittelt werden, sondern Einsicht in das Philosophieren, Einblick in die Geistesarbeit großer Denker. Der Schüler soll zu einem ersten Ringen mit philosophischen Problemen befähigt werden.

Um für eine solche Aufgabe das nötige Material bereitzustellen, bedarf es einer besonders gearteten Quellensammlung. Die Herausgeber, Oberstudiendirektor Dr. Schneider, Stralsund, und Studienrat Dr. Jordan, Bremen, gehen davon aus, daß

1. der Schüler zunächst nur vor ein einzelnes Problem gestellt werden soll und daß,
2. um einer Verwirrung vorzubeugen, dieses eine Problem gezeigt werden soll im Werk eines einzelnen Denkers.

Die Arbeit an einem solchen Heft soll zu einem „gemeinsamen Eindringen" in das Wesen „scharfer Begriffsbildung" zwingen. Das Verfolgen einer denkerischen Linie soll Sinn für die „Kraft einer Beweisführung" wecken.

Als Fortführung auf Grund dieser ersten philosophischen Unterweisung erscheinen (ab Nr. 16) problemgeschichtliche Hefte, die das Ringen verschiedener Denker um eine Frage quellenmäßig behandeln.

Bisher erschienen:

1. **Zweifel und Erkennen.** Aus den Meditationen des Descartes. Hrsg. von Oberstudiendirektor Dr. A. Buchenau [Best.-Nr. 4342]
2. **Die Bestimmung des Menschen.** Von Johann Gottlieb Fichte. Herausgegeben von Studienrat Dr. B. Jordan [Best.-Nr. 4343]
3. **Die Tatsachen in der Wahrnehmung.** Von Hermann v. Helmholtz. Hrsg. von Oberstudiendirektor Dr. H. Schneider [Best.-Nr. 4344]
4. **Das Schöne.** Schopenhauers Ästhetik. Herausgegeben von Studienrätin G. Mertens [Best.-Nr. 4345]
5. **Das Gute.** Aus der Ethik Immanuel Kants. Herausgegeben von Oberstudiendirektor Dr. A. Buchenau [Best.-Nr. 4346]
6. **Das Wesen der Naturerkenntnis.** Aus der Aufklärungsphilosophie David Humes. Hrsg. v. Studiendir. Dr. F. Kramer [Best.-Nr. 4347]
7. **Der Gang der Weltgeschichte.** Aus Hegels Geschichtsphilosophie. Hrsg. von Akademiedirektor Prof. Dr. K. Weidel [Best.-Nr. 4348]
8. **Die Vernunft und ihre Grenzen.** Aus Kants „Kritik der reinen Vernunft". Hrsg. v. Oberstudiendir. Dr. A. Buchenau [Best.-Nr. 4349]
9. **Gott und die Schöpfung.** Aus der Philosophie des Thomas von Aquino. Hrsg. von Studienrat Dr. A. Kurfeß [Best.-Nr. 4350]
10. **Die Ideenlehre.** Von Plato bis zur Gegenwart. Hrsg. von Studienrat Dr. B. Jordan [Best.-Nr. 4357]
11. **Der Einzelne und die Gemeinschaft.** Herausgegeben von Studienrat Dr. E. Meister. In Vorb. 1928 [Best.-Nr. 4358]
12. **Weltentstehung.** In Vorb. 1928 [Best.-Nr. 4359]
13. **Willensfreiheit.** Herausgegeben von Studienrat Dr. H. Reuther [Best.-Nr. 4360]

Leipzig / B. G. Teubner / Berlin

Philosophische Quellenhefte
Heft 19

Willensfreiheit

Von

Dr. Hermann Reuther
Studienrat

1928
Springer Fachmedien Wiesbaden GmbH

Best.-Nr. 4360

ISBN 978-3-663-15186-9   ISBN 978-3-663-15749-6 (eBook)
DOI 10.1007/978-3-663-15749-6

Inhalt.

	Seite
Einführung	1
Griechische Philosophie	12
Einleitende Bemerkungen	12
Platon	12
Aristoteles	13
Epikureismus (Lucretius)	14
Stoa	14
Chrysippos	14
Epiktetos	15
Plotinos	15
Christliche Gedankenwelt	16
Einleitende Bemerkungen	16
Augustinus	16
Luther	17
Wobbermin	19
Philosophie der Neuzeit	21
Einleitende Bemerkungen	21
Vertreter des Determinismus	21
Spinoza	21
Laplace	22
Schopenhauer	23
Liszt	24
Vertreter des Indeterminismus	26
Kant	26
Schiller	31
Fichte	33
Cathrein	34
Driesch	36
Medicus	38
Goethe	39
Literatur zur Weiterbildung	41
Quellen	41

Einführung.

Das Problem der Willensfreiheit ist eine der uralten, großen Fragen, um deren Beantwortung die Menschheit seit Jahrtausenden ringt. Im praktischen Leben des Alltags freilich pflegen wir das Vorhandensein der menschlichen Freiheit als eine Selbstverständlichkeit zu betrachten. Daß der Mensch, wenigstens im allgemeinen und in einem gewissen Umfange, freier Herr ist über seine Entschlüsse und die aus ihnen entspringenden Handlungen, erscheint uns als eine völlig gesicherte, jedem Zweifel entrückte Tatsache der Erfahrung. Nur unter dieser Voraussetzung haben Begriffe wie Recht und Unrecht, Tugend und Laster, Schuld und Sühne einen klar erkennbaren Sinn. Aber sobald man beginnt, über das Wesen der Freiheit nachzusinnen, sieht man sich den denkbar größten Schwierigkeiten gegenüber. Man erkennt, daß der Mensch in den mannigfaltigsten Beziehungen abhängig und gebunden, also unfrei ist, ja, die Freiheit scheint in nichts zu zerrinnen. Denn nirgends tritt sie uns wirklich greifbar entgegen.

Zugleich mit unserem Leben empfangen wir von unseren Eltern eine Fülle körperlicher und geistiger Eigenschaften, die, einem unabwendbaren Schicksale vergleichbar, unsere gesamte äußere und innere Entwicklung und Lebensführung in eine bestimmte Richtung zwingen. Dazu treten die unzähligen Einwirkungen der Umwelt, in die wir durch Geburt und Lebensschicksale hineingestellt werden. Die gesamte uns umgebende Kultur: Familie, Freundschaft und Gesellschaft, Schule, Kirche und Beruf, Gemeinde, Heimat, Volk und Staat, Sprache, Sitte, Recht, Wissenschaft, Kunst, Religion üben einen bestimmenden Einfluß auf unser Leben aus und drücken ihm den Stempel ihres Wesens auf. Nicht minder bedeutsam sind all die bekannten und unbekannten Einwirkungen der Natur, denen wir ausgesetzt sind. Ist doch auch der Mensch geschmiedet an die unendliche, ununterbrochene Kette von Ursachen und Wirkungen, die nach der herkömmlichen wissenschaftlichen Auffassung das gesamte Weltgeschehen darstellt. Auch er ist beherrscht von dem ehernen Gesetze der Kausalität, nach dem jedes einzelne Ereignis als notwendige Folge einer unendlichen Reihe von Ursachen und selbst wiederum als notwendige Ursache einer unendlichen Reihe von Folgen erscheint. Das gilt ebenso für unseren Körper wie für unsere Seele, also auch für die Betätigungen unseres Willens. Wenn wir versuchen, uns Rechenschaft über das Zustandekommen eines beliebigen Willensentschlusses zu geben, so werden wir finden, daß er nicht völlig grundlos erfolgte, sondern durch einen oder mehrere Beweggründe veranlaßt war. Nirgends stoßen wir, auch in unserem Willensleben, auf ein vollkommen ursachloses, also wirklich freies Geschehen.

Aber nicht nur die wissenschaftliche, sondern auch die religiöse Weltbetrachtung scheint die Freiheit des menschlichen Willens auszuschließen. Der religiöse Mensch sieht und verehrt in Gott den allmächtigen und allwissenden Schöpfer, Erhalter und Lenker der Welt. Auch das menschliche Wollen und Handeln wird nach dieser Anschauung von Gott nicht nur bewirkt, sondern auch vorhergewußt und vorherbestimmt (prädestiniert). Wenn aber jedes, auch das kleinste Geschehen in der Welt Gottes Werk ist, dann bleibt kein Raum für die Freiheit des Menschen.

So scheint jedes ernsthafte Nachdenken über das Problem der menschlichen Freiheit zu dem befremdenden Ergebnisse zu führen, daß es diese Freiheit, deren Vorhandensein wir als eine Selbstverständlichkeit zu betrachten und mit der wir im praktischen Leben wie mit einer völlig feststehenden Tatsache zu rechnen pflegen, in Wirklichkeit überhaupt nicht gibt. Aber ist dieses Ergebnis wirklich so befremdend? Hat nicht auch in anderen Fällen die Wissenschaft bewiesen, daß eine scheinbar selbstverständliche, natürliche und deshalb allgemein verbreitete Betrachtungsweise in Wahrheit nichts ist als eine große Täuschung? Wissen wir nicht seit Kopernikus, daß, allem Augenschein zum Trotz, die Erde sich um die Sonne dreht?

Und doch befriedigt eine solche Überlegung nicht völlig. Während die Lehre, daß die Erde sich um die Sonne bewegt, längst Allgemeingut der Gebildeten geworden ist und nach menschlichem Ermessen bleiben wird, lebt der Glaube an die Freiheit des Menschen, sooft diese auch schon tot gesagt und ihr Nichtvorhandensein angeblich nachgewiesen worden ist, immer von neuem auf und macht sein Recht geltend. Denn bei der Freiheit handelt es sich nicht nur um eine theoretische Frage, sondern zugleich um eine Angelegenheit von allerhöchster praktischer Bedeutung. Gibt es doch ohne Freiheit auch keine Verantwortlichkeit. Die Begriffe sittlich gut und böse verlieren ihren Sinn. Alles sittliche Streben — das ergibt sich mit zwingender Notwendigkeit, so sehr auch die Leugner der Freiheit häufig die Richtigkeit dieser Folgerung bestritten haben — wird zu einem bloßen Schein und Selbstbetrug. Ohne Freiheit ist der Mensch nichts als ein Umformer der durch ihn hindurchgehenden natürlichen oder göttlichen Kräfte, der auf die Umformung dieser Kräfte selbst ebensoviel und ebensowenig Einfluß hat, wie ein elektrischer Transformator auf die Ströme, die durch ihn hindurchgeleitet und von ihm umgeformt werden.

Indes, so sehr sich auch vielleicht unser Gefühl gegen den Gedanken auflehnen mag, daß all unser sittliches Streben nichts ist als eine Selbsttäuschung, so sind wir doch nicht berechtigt, dieses unbestimmte Gefühl als Beweisgrund für das Vorhandensein der Freiheit anzusehen. Vielmehr fragt es sich, ob es wirkliche Erfahrungstatsachen gibt, die nur unter der Voraussetzung, daß der Mensch in irgendeinem Sinne frei ist, verständlich werden. Man darf diese Frage mit einem unbedingten Ja beantworten.

Wenn das gesamte Weltgeschehen sich völlig zwangsläufig vollzieht, dann bleibt, wenigstens für unser menschliches Fassungsvermögen, die Tatsache unbegreiflich, daß ein Teil dieses Weltgeschehens mit Bewußtsein verknüpft ist. Denn Verlauf und Ziel der Weltentwicklung würden in diesem Falle die gleichen sein, auch wenn es überhaupt kein Bewußtsein gäbe. Einen für unser Begreifen erkennbaren Sinn erhält die Tatsache des Bewußtseins erst dann, wenn man sie als Grundlage für selbständiges Wollen und Handeln auffaßt. Ohne Freiheit ist Bewußtsein, wie man mit Recht gesagt hat, ein Weltenluxus oder eine Weltenqual.

Unmittelbarer noch als das Bewußtsein als solches zeugen gewisse erfahrungsmäßige Tatsachen unseres Innenlebens für die Freiheit. Ein großer Teil unseres bewußten Seelenlebens und Handelns ist begleitet von dem Gefühl der Selbstbestimmung, Selbständigkeit und Selbsttätigkeit. Aufs engste damit verknüpft ist das Gefühl der Zurechnungsfähigkeit, eines Zustandes, den wir deutlich von dem der

Unzurechnungsfähigkeit unterscheiden. In diesen Gefühlen wurzelt das Gefühl der Verantwortlichkeit für unser Tun. Wir vernehmen ferner in uns die Stimme des Gewissens. Sie tönt nicht immer gleich stark, und bei manchen Menschen bleibt sie vielleicht fast oder ganz unhörbar. Trotzdem steht die Tatsache, daß der Mensch ein Gewissen hat, zweifellos fest. Das Gewissen aber ist der Verkünder des Sitten= gesetzes in uns und zugleich der Richter, der uns durch das Gefühl innerer Befriedigung lohnt, wenn wir die sittlichen Gebote befolgt, und uns durch Reue und Schuldbewußtsein straft, wenn wir dem Sittengesetze zuwider gehandelt haben. Worin aber besteht das Wesen des Sittengesetzes? Es ist in gewissem Sinne vergleichbar den Ge= setzen, die das Naturgeschehen beherrschen. Und doch ist es seinem tiefsten Wesen nach von ihnen unterschieden. Denn es drückt nicht, wie jene, einen unbedingten Zwang aus, ein schlechthin notwendiges Müssen, sondern ein Sollen. Es wendet sich, seiner eigentümlichen Beschaffenheit nach, an Wesen, von denen es befolgt, aber auch über= treten werden kann, die ihm gegenüber also frei sind. Oft erleben wir in uns auch ein heißes Ringen, einen Kampf zwischen Wollen und Sollen, zwischen Neigung und Pflicht, wenn Triebe und Leidenschaften uns einen Weg führen wollen, den unser Gewissen verabscheut. Manch= mal kämpfen auch mehrere Sittengebote um unsere Seele. Wir spre= chen dann von einem Konflikte der Pflichten, in dem unser freier Wille als Schiedsrichter erscheint.

Alle diese Erfahrungstatsachen des Seelenlebens wurzeln zuletzt in dem Selbstbewußtsein, durch das sich der Mensch von dem ihn umflutenden und tragenden äußeren, objektiven Weltgeschehen als Subjekt unterscheidet und als eine in sich abgeschlossene Persönlichkeit, ein allem Nicht=Ich gegenüber selbständiges Ich erlebt.

Aber beruhen nicht vielleicht alle diese Tatsachen unseres Seelen= lebens, die in uns das Bewußtsein der Freiheit wachrufen, auch ihrer= seits auf einer Selbsttäuschung? Wer dies behauptet, dem liegt die Aufgabe ob, zu zeigen, wie in einer vollkommen unfreien Welt diese über die ganze Menschheit verbreitete Selbsttäuschung entstehen kann, eine Aufgabe, die, sooft auch ihre Lösung versucht wurde, durchaus unlösbar ist.

Nunmehr überschauen wir die unermeßliche Schwierigkeit des Pro= blems der Willensfreiheit. Auf der einen Seite steht die unbestreitbare Tatsache, daß im Lichte wissenschaftlicher und religiöser Weltbetrach=

tung uns Freiheit nirgends wirklich greifbar entgegentritt, ja, daß sie als unmöglich erscheint. Andererseits aber gibt es nicht minder unbestreitbare Erfahrungstatsachen des menschlichen Seelenlebens, die nur unter der Annahme der Freiheit verständlich werden. Die Geschichte des Problems der Willensfreiheit zeigt uns das heiße Bemühen der um Wahrheit ringenden Menschheit, das Geheimnis zu ergründen, das sich hinter diesem Vernunftwiderspruch, dieser Antinomie zwischen völliger Gebundenheit und Freiheit verbirgt. Unübersehbar ist die Zahl und die Mannigfaltigkeit der Versuche, das Problem zu bewältigen. Doch lassen sich zwei Grundansichten unterscheiden.

Entweder hält man fest an der unbedingten Bestimmtheit (Determination) alles Weltgeschehens und erklärt infolgedessen das Bewußtsein des Menschen, dem durchaus gesetzmäßig und zwangsläufig sich vollziehenden Weltgeschehen in irgendeinem Sinne selbständig und frei gegenüber zu stehen, für eine Selbsttäuschung. Man bezeichnet diese Auffassung als Determinismus. Oder man bestreitet, daß der Mensch in seinem Wollen und Handeln durchaus abhängig ist von Faktoren, auf deren Zustandekommen und Wirken er keinerlei selbständigen Einfluß hat, spricht ihm also ein gewisses Maß von Freiheit zu. Diese Lehre wird meist als Indeterminismus bezeichnet. Doch ist dieser rein negative Ausdruck, der eigentlich nichts bedeutet als „Unbestimmtheit", eine sehr unvollkommene Benennung dessen, was damit gemeint ist. Denn der positive Inhalt des Freiheitsbegriffes wird durch ihn überhaupt nicht getroffen, geschweige denn erschöpft. Trotzdem soll er der Kürze halber und in Ermangelung eines allgemein üblichen treffenderen Ausdrucks im folgenden zur Kennzeichnung aller nicht rein deterministischen Lehren verwendet werden.

Um nun zu einer selbständigen Stellungnahme gegenüber dem Problem der Willensfreiheit zu gelangen, muß man sich vor allem darüber Klarheit verschaffen, welchen Sinn das vieldeutige Wort Freiheit in diesem Zusammenhange haben kann.

Der Begriff Freiheit läßt sich nach verschiedenen Gesichtspunkten einteilen. Zunächst kann man unterscheiden zwischen negativer und positiver Freiheit. Negativ aufgefaßt bedeutet Freiheit ein Freisein von Hemmungen und Bindungen, positiv die Fähigkeit zu selbständigen Leistungen und Betätigungen irgendwelcher Art. Beide Bedeutungen des Wortes kommen für das Problem der Willensfreiheit in Frage.

Man muß ferner unterscheiden zwischen äußerer, körperlicher und innerer, geistiger Freiheit. Äußere Freiheit ist die Freiheit des Handelns. Sie besteht darin, daß der Mensch die Fähigkeit hat, seine Willensentscheidungen in körperliche Bewegungen, also in die Tat umzusetzen. Gewiß kann diese Fähigkeit mehr oder minder gehemmt, ja fast oder gänzlich aufgehoben sein, etwa wenn der Mensch gelähmt oder gefesselt ist. Aber daß an sich dem Menschen eine Freiheit des Handelns in dem angegebenen Sinne zukommt, ist eine unbestreitbare Tatsache der Erfahrung, die den eigentlichen Kern des Freiheitsproblems nicht berührt.

Wirklich problematisch ist erst der Begriff der inneren Freiheit. Er wird in verschiedener Weise aufgefaßt. Man kann unter innerer Freiheit die Fähigkeit des menschlichen Geistes verstehen, die in ihm liegenden Kräfte ungestört von äußeren oder inneren Hemmungen in einer der Natur des betreffenden Menschen entsprechenden Weise zu entfalten. Zu den menschlichen Geisteskräften gehört auch der Wille. Wie die Sehkraft des Auges in Tätigkeit tritt, wenn es von Lichtwellen getroffen wird, so reagiert der Wille auf Beweggründe (Motive), die vor ihm auftauchen und infolgedessen als Willensvorstellungen bezeichnet werden können. Frei ist der Wille dann, wenn er, ungestört von Hemmungen, wie sie etwa Krankheit, Rausch, unbeherrschte Triebe, übergroße Gemütserregungen darstellen, in einer dem Charakter des Menschen entsprechenden Weise, also streng gesetzmäßig auf die von außen und innen an ihn herantretenden Motive reagiert. Beispielsweise kann auf Grund dieser Auffassung vom Wesen der Willensfreiheit als sittlich frei ein Mensch dann betrachtet werden, wenn es seiner Natur entspricht, den sittlichen Beweggründen einen alle anderen Motive überwiegenden Einfluß auf seine Willensentscheidungen zu gewähren. Der Charakter des Menschen aber ist nicht sein eigenes Werk, sondern das notwendige Produkt aus seinen angeborenen Anlagen und den Einwirkungen der Umwelt. Diese Form der Freiheit, die also in Wahrheit strengste Gesetzmäßigkeit und Gebundenheit bedeutet, ist die einzige, die nach der Lehre des Determinismus dem menschlichen Willen zukommt.

In schroffem Gegensatze zu dieser Ansicht, die in der Freiheit nichts als innere Notwendigkeit und Wesensgemäßheit erblickt, steht die Lehre, daß der Mensch nicht schlechthin durch seinen Charakter zu seinen Willensentscheidungen gezwungen, sondern in gewissem Um-

Einführung

fange freier Herr über sein Wollen ist. Im einzelnen läßt diese Grundanschauung verschiedene Auffassungen vom Wesen der Freiheit zu.

Man kann dem Willen die Fähigkeit zuschreiben, zwischen zwei einander absolut gleich starken Beweggründen völlig frei zu wählen, eine Fähigkeit, die man als Wahlfreiheit, als liberum arbitrium zu bezeichnen pflegt. Mit diesem liberum arbitrium würde der Mensch über ein gänzlich ursachlos sich vollziehendes, unmotiviertes, unbedingtes Wollen verfügen. Das ist die Lehre des Indeterminismus im eigentlichen, negativen Sinne des Wortes.

Nach einer anderen Auffassung besteht das Wesen der Willensfreiheit darin, daß der Mensch die Fähigkeit hat, die ohne eigenes Zutun vor seinem Bewußtsein auftauchenden Motive oder Willensvorstellungen zu bejahen oder zu verneinen, d. h. ihre Umsetzung in die Tat, die, wenn der Wille völlig unfrei wäre und anf Motive zwangsläufig reagierte, sich naturgesetzlich vollziehen würde, zuzulassen oder zu verhindern. In diesem Falle spricht man von Zulassungsfreiheit.

Ferner kann man den Menschen insofern als frei bezeichnen, als man der Seele die Fähigkeit zuschreibt, durch eigene, schöpferische Tätigkeit Willensvorstellungen selbst zu erzeugen. Eine solche Freiheit braucht nicht, wie das liberum arbitrium, aufgefaßt zu werden als ein völlig ursach- und gesetzloses Wirken, sondern als eine der bloßen Naturkausalität gegenüber höhere Form von Gesetzmäßigkeit, die ihre Gültigkeit hat, ohne im mindesten die Naturkausalität, auf der auch sie beruht, zu beeinträchtigen oder zu durchbrechen. Dieses Übereinanderlagern verschiedener Formen oder Schichten von Gesetzmäßigkeit läßt sich verdeutlichen an dem Verhältnis der belebten zur unbelebten Natur. Das Leben beruht durchaus auf der unbelebten Natur. Auch in seinem Bereiche haben die allgemeinen Naturgesetze unbedingte Gültigkeit. Die Stoffe und Kräfte, deren sich das Leben bedient, sind auch in der toten Natur vorhanden und wirksam. Aber daneben und darüber hinaus hat das Leben seine eigene, höhere Gesetzmäßigkeit, und insofern ist es der unbelebten Natur gegenüber, trotz der unlöslichen Verkettung an sie, dennoch frei. In einem ähnlichen Sinne läßt sich der Mensch, trotz seiner untrennbaren Verbundenheit mit der außer- und untermenschlichen Natur, ihr gegenüber als frei bezeichnen. Man kann in diesem Falle von der Freiheit des Menschen als Persönlichkeit sprechen.

Von der Freiheit des Handelns und den mannigfachen Formen der inneren Freiheit hat man endlich eine Freiheit unterschieden, die nicht der erfahrbaren (empirischen) Wirklichkeit, sondern der jenseits aller Erfahrung liegenden (metaphysischen), rein geistigen (intelligiblen) Welt angehört und deshalb als **metaphysische** oder **intelligible Freiheit** bezeichnet wird. Nach dieser Lehre ist der Mensch als empirisches Wesen völlig unfrei, sein Wollen und Handeln ist vollkommen bestimmt durch seinen empirischen Charakter. Aber der Mensch ist nicht nur empirisches Wesen. Vielmehr wurzelt er mit dem tiefsten Kern seines Wesens, seinem intelligiblen Charakter, im Metaphysischen, d. h. in der Welt der Freiheit. Und deshalb ist der Mensch seinem intelligiblen Charakter nach frei.

Nach diesem kurzen Überblick über die Hauptformen der Freiheit können wir nunmehr die entscheidende Frage so stellen: Ist der Mensch seinem Wesen nach in jeder Beziehung gänzlich gebunden und bestimmt, sei es durch die Naturkausalität oder durch das Walten eines allmächtigen, den gesamten Weltlauf beherrschenden, vorherwissenden und vorherbestimmenden Gottes, so daß er frei nur insofern genannt werden kann, als er in einer seinem Charakter entsprechenden Weise auf Willensmotive zu reagieren und Willensentscheidungen in Handlungen umzusetzen vermag, oder besitzt er ein Vermögen, das ihn in irgendeiner Weise über den Strom des Weltgeschehens emporhebt, so daß man ihm eine Freiheit im eigentlichen Sinne des Wortes zuzusprechen berechtigt ist?

Man kann sich die Stellungnahme zu dieser Frage durch die Überlegung erleichtern, unter welchen Voraussetzungen dem Menschen eine Freiheit gegenüber dem Weltgeschehen sicher nicht zukommt. Folgende Gesichtspunkte lassen sich für diese Betrachtung aufstellen:

I. Vom **wissenschaftlich-philosophischen** Standpunkte aus betrachtet ist Freiheit unmöglich:

1. Wenn alles Wirkliche körperhaft (Materie) ist und das gesamte Weltgeschehen auf rein mechanisch verlaufende, in mathematischen Formeln ausdrückbare Bewegungsvorgänge körperlicher Teilchen zurückgeführt werden kann, d. h., wenn die Weltanschauung des **Materialismus und Mechanismus** zu Recht besteht.

2. Wenn das Seelenleben nichts ist als ein dem mechanisch sich vollziehenden körperlichen Geschehen paralleler, mit ihm unlöslich verketteter und in allen Einzelheiten ihm entsprechender Ablauf, zu

dessen Erklärung es der Annahme einer hinter den einzelnen seelischen Vorgängen stehenden Seele als ihres gemeinsamen Trägers nicht bedarf, wenn also die Lehre des sog. psychophysischen Parallelismus richtig ist.

3. Wenn als wirklich vorhanden nur das gelten darf, was seinem Wesen nach durch verstandesmäßiges (rationales) Denken erkannt, begriffen und bewiesen werden kann, also der Erforschung durch die sog. positiven Erfahrungswissenschaften unterliegt, wie es nach der Auffassung des Rationalismus und Positivismus der Fall ist.

II. Dom religiösen Standpunkte aus betrachtet ist Freiheit unmöglich, wenn die Begriffe göttlicher Allmacht, Allwissenheit und Vorherbestimmung absolut gefaßt werden, so daß der Weltlauf in allen seinen Einzelheiten als eindeutig für alle Ewigkeit festgelegt, also jede irgendwie geartete Selbständigkeit von Einzelwesen als unmöglich gedacht werden muß.

In welchem Verhältnis stehen nun diese Anschauungen zu dem Weltbilde der Gegenwart? Aber gibt es überhaupt ein allgemeines Weltbild der Gegenwart? Sicher nicht in dem Sinne, wie man etwa von einem mittelalterlichen Weltbilde sprechen kann, das trotz aller auch hier vorhandenen tiefgehenden Unterschiede das Gepräge einer großartigen Einheitlichkeit trägt. Wurzelt doch die Weltanschauungsnot unserer Zeit gerade in dem tief empfundenen Mangel einer solchen einheitlichen Grundanschauung. Und doch hat es einen Sinn, von einem Weltbilde der Gegenwart zu sprechen. Denn die heutige Geisteskultur trägt deutlich erkennbare Züge an sich, die einer nur wenige Jahrzehnte zurückliegenden Vergangenheit fast gänzlich fehlten. Am Ende des 19. Jahrhunderts waren Materialismus, psychophysischer Parallelismus, Rationalismus und Positivismus zu fast unumstrittener Alleinherrschaft gelangt. Auch in der Gegenwart sind diese Anschauungen keineswegs tot. Theoretisch und namentlich praktisch stellen sie im Ganzen unseres Kulturlebens noch immer eine gewaltige Macht dar. Aber ihre Alleinherrschaft ist gebrochen. Sie werden mehr und mehr zur Weltanschauung von gestern. Ein neues Geistesleben regt sich und drängt empor in tausendfältigen Gestaltungen. Ein gemeinsamer Grundzug verbindet alle diese neuen Strömungen: die bewußte Abkehr vom Materialismus und Positivismus und den von ihnen beherrschten Anschauungen. Das bedeutet durchaus nicht eine Preisgabe alles dessen, was die materialistisch und positivistisch gerichtete Wissenschaft in langer, mühsamer und unvergleichlich erfolgreicher Arbeit errungen hat. Wohl aber kommt darin zum Ausdruck die Überzeugung, daß das Betätigungsfeld der messenden und rechnenden, verstandesmäßigen Erkenntnis nicht den Gesamtbereich alles Wirklichen umfaßt, daß vielmehr jenseits der Grenzen des Rationalen ein unermeßlich weites Gebiet des Irrationalen sich erstreckt. Irrational aber bedeutet nicht das, was denkwidrig, also unwirklich ist, sondern das, was sich seinem Wesen nach dem Begreifen durch den denkenden Verstand des Menschen entzieht. Überall stoßen wir auf Irrationales, wenn wir über die Rätsel des Daseins nachsinnen. Irrational ist das Leben in allen seinen unzähligen Erscheinungsformen, ist Entstehen, Werden, Vererbung, Entwicklung und Vergehen, die Seele und ihr Verhältnis zum Körper, Bewußtsein, Geist, Persönlichkeit, Tod und Unsterblichkeit. Aber auch die Begriffe, mit denen die exakte Naturwissenschaft selbst arbeitet: Raum, Zeit, Bewegung, Äther, Materie, Energie, Kausalität, Unendlichkeit usw., sind ihrem eigentlichen Wesen nach durchaus irrational.

In diesem Zusammenhang betrachtet erscheint das Problem der Willensfreiheit in einem völlig neuen Lichte. Auch die Freiheit ist ihrem tiefsten Wesen nach irrational, entzieht sich jeglichem verstandesmäßigen Begreifen. Aber während unter der Herrschaft des Materialismus und Positivismus diese Erkenntnis als hinreichender Grund angesehen wurde, das Vorhandensein der Freiheit zu leugnen, sind wir uns heute dessen bewußt, daß der Freiheitsbegriff seine Irrationalität mit zahlreichen Begriffen teilt, an deren Wirklichkeit niemand zweifelt. Mit dieser Einsicht ist selbstverständlich das tatsächliche Vorhandensein der Freiheit noch nicht bewiesen. Sie bleibt nach wie vor ein Problem, das genaueste Untersuchung erfordert. Wohl aber dürfen wir jetzt sagen, daß der Glaube an Freiheit nicht im Widerspruch zu einer wissenschaftlich-philosophisch begründeten Weltanschauung steht. Wir brauchen also die Gefühle der Selbstbestimmung, Selbständigkeit und Verantwortlichkeit, d. h. die Tatsachen unseres Seelenlebens, in denen unser Glaube an die Möglichkeit sittlichen Strebens und Handelns wurzelt, nicht deshalb als Selbsttäuschung zu betrachten, weil sie in einer wesensnotwendigen Beziehung zur Freiheit stehen.

Aber auch, wenn wir das Problem der Willensfreiheit im Lichte der Religion betrachten, gewinnt unsere veränderte Stellung zum

Irrationalen höchste Bedeutung. Der Mensch sucht sich Gott seinem Begreifen näherzubringen, indem er ihn allmächtig, allwissend, allgütig usw. nennt, d. h., indem er ihm Eigenschaften beilegt, die menschlichen Eigenschaften vergleichbar, aber ins Vollkommene gesteigert sind. Könnten wir dessen gewiß sein, auf diese Weise Gottes Wesen in vollem Umfange zu erfassen, so wäre damit die Frage der Freiheit in negativem Sinne entschieden. Denn mit einem Allmachtsbegriffe, zu dem wir mittels verstandesmäßigen Denkens dadurch gelangen, daß wir unsere menschlichen Vorstellungen von Macht ins Absolute steigern, ist menschliche Freiheit ebensowenig vereinbar, wie das Übel in der Welt mit dem in entsprechender Weise gewonnenen Begriffe eines allgütigen Gottes. In Wahrheit ist, wenn irgendein Begriff, der Gottesbegriff irrational. Wohl haben wir das Recht, Gott auch rationale Züge beizulegen. Aber daneben steht eine Fülle des Irrationalen, und so bleibt sein tiefstes Wesen unserem Erkennen allezeit völlig verschlossen. Wenn aber die Gottesidee ihrem innersten Wesen nach irrational ist, so bedeutet es ein unerlaubtes Überschreiten der menschlichem Begreifen gesetzten Schranken, aus dem Begriffe göttlicher Allmacht und Allwissenheit die Unmöglichkeit menschlicher Freiheit zu folgern. Natürlich ist auch mit dieser Einsicht in keiner Weise das tatsächliche Vorhandensein von Freiheit bewiesen. Sie bedeutet nur die Erkenntnis, daß der Gottesbegriff den Begriff menschlicher Freiheit nicht notwendig ausschließt.

So steht die uralte Menschheitsfrage der Freiheit inmitten des gewaltigen Ringens um Weltanschauung, das unsere Zeit erfüllt. Menschlichem Ermessen nach wird sie nie restlos gelöst werden. Aber wer in der ernsthaften Bemühung um dieses Problem das befreiende Glück in sich erlebt, das dem Menschen aus selbstlosem, reinem Streben nach Wahrheit erblüht, der wird den tiefen Sinn erkennen, der in den Worten Lessings liegt: „Wenn Gott in seiner Rechten alle Wahrheit und in seiner Linken den einzigen immer regen Trieb nach Wahrheit, obschon mit dem Zusatze, mich immer und ewig zu irren, verschlossen hielte, und spräche zu mir: wähle! Ich fiele ihm mit Demut in seine Linke und sagte: Vater, gib! Die reine Wahrheit ist ja doch nur für dich allein!"

Griechische Philosophie.

Einleitende Bemerkungen.

In der griechischen Philosophie tritt der Gegensatz zwischen Freiheit und Kausalität, Indeterminismus und Determinismus noch nicht in derselben Schärfe und Klarheit hervor wie später. Ein gewisses Maß von Freiheit pflegt dem Menschen zugesprochen zu werden, so daß die meisten Denker als Indeterministen bezeichnet werden können. Aber nur selten wird der Versuch gemacht, den Glauben an die menschliche Freiheit wirklich zu begründen.

Platon (427—347) kommt nur an wenigen Stellen seiner Werke auf das Problem der Freiheit zu sprechen, und zwar nie im Zusammenhange einer streng wissenschaftlichen Untersuchung, sondern stets innerhalb eines Mythos. Darin liegt, daß er dieses Problem als eine der Fragen ansah, die sich verstandesmäßiger Erkenntnis und Beweisführung entziehen.

Aristoteles (384—322) hat dem Freiheitsproblem zuerst streng wissenschaftliche Untersuchungen gewidmet, ohne die Berechtigung seines indeterministischen Standpunktes näher zu begründen.

Die Epikureer, zu denen der römische Dichter Lucretius (98—55) gehört, haben einen eigenartigen Versuch gemacht, die Vereinbarkeit menschlicher Willensfreiheit mit ihrer im übrigen streng mechanistischen Weltanschauung zu beweisen.

Die Stoiker sind insofern Anhänger des Determinismus, als der Begriff strengster Naturnotwendigkeit und Gesetzmäßigkeit beherrschend im Mittelpunkte ihrer Lehre steht. Trotzdem pflegen auch sie dem Menschen innere Freiheit und Verantwortlichkeit zuzusprechen. Chrysippos (um 280—207) gehört der älteren, Epiktetos (um 50—130) der jüngeren Stoa an.

Ein Beweis für die steigende Bedeutung, die das Problem des Willens am Ende des Altertums gewinnt, sind die tiefdringenden Erörterungen des Neuplatonikers Plotinos (204—270), der die Freiheitsfrage ebenfalls im Sinne des Indeterminismus zu lösen sucht.

Platon.

Aus dem Werke über die Gesetze.

Da der königliche Herrscher (Gott) sah, daß alle unsere Handlungen auf Seelenvorgängen beruhen und viel Tugend, aber auch viel Schlechtigkeit in sich schließen, und da er sich dessen bewußt war, daß alles, was in der Seele Gutes ist, seiner natürlichen Bestimmung nach Nutzen schafft, das Schlechte dagegen Schaden —, im Hinblick also auf alles dies entwarf er einen genauen Plan darüber, wo ein jeder Teil seinen

Platz haben müßte, um so wirksam, so leicht und so unfehlbar wie möglich der Tugend in dem Weltganzen zum Siege zu verhelfen, der Schlechtigkeit aber die Niederlage zu bereiten. Er hat also in bezug auf dies Weltganze seinen Plan durchgeführt, demgemäß ein jedes den ihm nach seiner Beschaffenheit gebührenden Platz und seine Wohnstätte und seinen Bezirk erhalten soll. Was aber die Charakterbildung anlangt, so überließ er diese der freien Selbstbestimmung eines jeden je nach seinen Neigungen. Denn durch die Richtung seiner Neigungen und die ihr entsprechende Seelenverfassung wird in der Regel auch einem jeden von uns sein Wesen und sein Charakter bestimmt.

Aristoteles.

Aus der Nikomachischen Ethik.

Unfreiwillig ist, was aus Zwang oder Unwissenheit geschieht, freiwillig, wessen Prinzip in dem Handelnden ist, und zwar so, daß er auch die einzelnen Umstände der Handlung kennt. —

Nachdem wir das Freiwillige und Unfreiwillige erklärt haben, ist das nächstfolgende, daß wir den Begriff der Entschließung oder der Willenswahl erörtern. Die Willenswahl scheint vor allem das Eigentümliche der Tugend auszumachen und noch mehr als die Handlungen selbst den Unterschied der Charaktere zu begründen. Die Willenswahl ist etwas Freiwilliges, fällt aber nicht mit dem Freiwilligen zusammen, sondern letzteres hat einen weiteren Umfang. Das Freiwillige oder Spontane findet sich auch bei den Kindern und den anderen Sinnenwesen, eine Willenswahl dagegen nicht; und rasche Handlungen des Augenblicks nennen wir zwar freiwillig, sagen aber nicht, daß sie auf Grund vorbedachter Willenswahl geschehen sind. —

Da der Gegenstand der Willenswahl etwas von uns Abhängiges ist, das wir mit Überlegung begehren, so ist auch die Willenswahl ein überlegtes Begehren von etwas, was in unserer Macht steht. Denn insofern wir uns vorher auf Grund der Überlegung ein Urteil gebildet haben, begehren wir mit Überlegung. —

Da der Zweck Gegenstand des Wollens ist und die Mittel zum Zweck Gegenstand der Überlegung und Willenswahl, so sind wohl die auf diese Mittel gerichteten Handlungen frei gewählt und freiwillig. In solchen Handlungen bestehen aber die Tugendakte. Aber auch die Tugend und das Laster steht bei uns. Denn wo das Tun in unserer

Gewalt ist, da ist es auch das Unterlassen, und wo das Nein, da auch das Ja. Wenn demnach die tugendhafte Handlung bei uns steht, so steht auch deren tugendwidrige Unterlassung bei uns, und wenn die tugendhafte Unterlassung bei uns steht, so steht auch die tugendwidrige Begehung bei uns. Steht es aber bei uns, das Gute und das Böse zu tun und zu unterlassen — und das machte nach unserer früheren Darlegung die Tugendhaftigkeit und Schlechtigkeit der Person aus —, so steht es folgerichtig bei uns, sittlich und unsittlich zu sein.

Epikureismus.

Aus dem Werke des Lucretius: Von der Natur.

Wenn sich die Körper im Leeren mit senkrechtem Falle bewegen[1]
durch ihr eigen Gewicht, so werden sie wohl in der Regel
irgendwo und wann ein wenig zur Seite getrieben,
doch nur so, daß man sprechen kann von geänderter Richtung.
Wichen sie nicht so ab, dann würden wie Tropfen des Regens
gradaus alle hinab in die Tiefen des Leeren versinken.
Keine Begegnung und Stoß erführen alsdann die Atome,
niemals hätte daher die Natur mit der Schöpfung begonnen. —
Endlich, wenn immer sich schließt die Kette der ganzen Bewegung
und an den früheren Ring sich der neue unweigerlich anreiht,
wenn die Atome nicht weichen vom Lote und dadurch bewirken
jener Bewegung Beginn, die des Schicksals Bande zertrümmert,
das sonst lückenlos schließt die unendliche Ursachenkette:
Woher, frag ich dich, stammt die Freiheit der Willensbestimmung,
die uns lebenden Wesen auf Erden hier überall zusteht?

Stoa.

Chrysippos.

Das Naturgesetz ist die natürliche Ordnung des Weltganzen, nach der von Ewigkeit her eines aus dem anderen folgt und sich wandelt, wobei diese Verflechtung unverbrüchlich ist. —

---

1) Die Weltentwicklung kommt nach epikureischer Auffassung dadurch zustande, daß die Atome von der ihnen an sich anhaftenden senkrechten Abwärtsbewegung etwas abweichen und dadurch aneinander anprallen. Als Hinweis auf diese schon den Atomen selbst zukommende „Freiheit" von der strengen Naturgesetzlichkeit wird die Willensfreiheit betrachtet, die also im tiefsten Wesen der körperlichen Natur begründet ist.

Es werden also auch die lebenden Wesen gemäß dem Naturgesetz empfinden und streben: die einen von ihnen werden tätig sein, die anderen vernünftig handeln, die einen werden sich verfehlen, die anderen ihre Sache recht machen; denn das entspricht ihrer Natur. Da nun also fehlerhaftes und richtiges Handeln bleibt und sein Wesen und seine Eigenschaften nicht aufgehoben werden, so bleibt auch Lob und Tadel, Strafe und Anerkennung. Denn das verhält sich so folge= richtig und gesetzmäßig.

Epiktetos.

Von dem, was ist, steht das eine in unserer Gewalt, das andere nicht. In unserer Gewalt steht unsere Meinung, unser Wille, unser Streben und Meiden: mit einem Worte, all unser Handeln. Nicht in unserer Gewalt steht unser Körper, unser Besitz, Ansehen, Ämter: mit einem Worte, alles, was nicht unser Handeln ist. Was in unserer Ge= walt steht, ist von Natur frei, ungehindert, ungehemmt; was nicht in unserer Gewalt steht, ist schwach, knechtisch, Hindernissen und fremder Einwirkung ausgesetzt. —

Frei ist, wer lebt, wie er will: ein Mensch, den man weder zu etwas nötigen oder zwingen, noch an etwas verhindern kann, dessen Han= deln auf keine Hemmung stößt, dessen Begehren sein Ziel erreicht, dessen Widerstand gegen eine Versuchung unerschütterlich ist.

Plotinos.
Aus den Enneaden.

Das Immaterielle ist das Freie, und darauf bezieht sich der freie Wille, dies ist das herrschende und auf sich selbst beruhende Wollen, auch wenn ein auf das Äußere gerichteter Entschluß aus Notwendig= keit hinzukommt. Was also aus diesem Willen heraus und dieses Willens wegen geschieht, das hängt von uns ab und ist frei; was er aber will und ungehindert vollbringt, ob in ihm oder außer ihm, das hängt in erster Linie von uns ab. Der betrachtende Geist besitzt also die erste Entscheidung, weil sein Wirken niemals von einem anderen abhängt, sondern weil er ganz auf sich selbst bezogen ist, weil sein Werk er selber ist, weil er ruht im Guten ohne Mangel in aller Fülle, gleichsam nach seinem Entschlusse lebend. — Die Seele also wird frei, wenn sie durch den Geist ungehindert zum Guten strebt; was sie tut, um dahin zu gelangen, ist ihr freier Wille. Der Geist ist frei durch sich selbst.

Christliche Gedankenwelt.

Einleitende Bemerkungen.

In der frühchristlichen Gedankenwelt spielt der menschliche Wille eine bedeutsame Rolle, insbesondere bei ihrem größten Vertreter Augustinus (354—430). Zu dem Problem der Freiheit des Willens hat er keine vollkommen einheitliche Stellung gefunden, so daß es unmöglich ist, ihn in eine der beiden Grundrichtungen einzureihen.

Luther (1483—1546) vertritt einen folgerechten, die menschliche Freiheit fast völlig ausschließenden Determinismus in seinem 1525 erschienenen gedankenreichen Werke: Vom verknechteten Willen (De servo arbitrio).

Wie die protestantische Theologie der Gegenwart menschliche Freiheit und Gottesglauben in Einklang zu bringen versucht, zeigt die aus Georg Wobbermins (geb. 1869) Werke „Wesen und Wahrheit des Christentums" angeführte Stelle.

Augustinus.

Aus dem Werke vom Gottesstaat.

Wo der böse Wille auftritt, da tritt er auf in einem Wesen, worin er nicht entstünde, wenn es nicht wollte, und deshalb folgt gerechte Strafe dem nicht notwendigen, sondern freiwilligen Abfall. —

Im Mißbrauch des freien Willens[1] hat ihren Ursprung die ganze Folge des Elends, die das Menschengeschlecht in eine Kette von Unheil bis zum endgültigen Untergang im zweiten Tode[2] geleitet, nachdem einmal sein Anfang verderbt und damit gleichsam seine Wurzel krank geworden war, und ausgenommen sind davon nur die, die durch Gottes Gnade erlöst werden. —

Der gute Wille ist das Werk Gottes; mit ihm ward der Mensch von Gott erschaffen. Dagegen der erste böse Wille, der ja im Menschen eintrat vor allen bösen Werken, war mehr eine Art Abfall vom Werke Gottes zu eigenen Werken als selbst ein Werk, und zwar ein Abfall zu schlechten Werken deshalb, weil diese Werke dem Men-

---

1) D. h. im Sündenfall des ersten Menschen.
2) Der erste Tod besteht nach Augustins Auffassung darin, daß „die Seele ohne Gott und ohne Leib auf eine Zeit (d. h. zwischen irdischem Tode und jüngstem Gericht) Strafen erduldet, der zweite darin, daß die Seele ohne Gott in Verbindung und Gemeinschaft mit dem (zur ewigen Verdammnis auferstandenen) Leibe ewige Strafen erduldet".

schen gemäß, nicht gottgemäß sind. Der Wille seinerseits oder der schlechte Mensch selbst, sofern er schlechten Willens ist, ist gleichsam der schlechte Baum, der solche Werke als seine schlechten Früchte hervorbringt. —

Die Wahl des Willens ist dann wahrhaft frei, wenn er nicht Gebrechen und Sünden unterworfen ist. Ein solcher freier Wille war es, den Gott dem Menschen gab; durch eigenen Fehl verloren gegangen, konnte er nur von dem zurückgegeben werden, der allein ihn hatte geben können. Deshalb spricht die Wahrheit: „Wenn euch der Sohn frei macht, dann werdet ihr wahrhaft frei sein."[1] —

Sie (die Seligen) werden einen freien Willen haben, obgleich sie die Sünde nicht reizen kann. Der Wille wird vielmehr erst recht frei sein, wenn er vom Reiz der Sünde bis zu dem Grade befreit ist, daß er einen unbeirrbaren Reiz darin findet, nicht zu sündigen. Denn der erste wahlfreie Wille, der dem Menschen ursprünglich verliehen ward, als er aufrecht erschaffen wurde, hatte es wohl in seiner Macht, nicht zu sündigen, hatte es aber auch in seiner Macht, zu sündigen; dieser letzte dagegen wird um so mächtiger sein, als er es nicht in seiner Macht hat, zu sündigen; indes auch nur durch Gottes Gnadengabe, nicht kraft des Vermögens der eigenen Natur.

Luther.
Aus dem Werke über den verknechteten Willen.

Wenn wir überhaupt das Wort „freier Wille" nicht preisgeben wollen, was am sichersten und frömmsten wäre, sollten wir doch es gut und richtig gebrauchen lehren, daß dem Menschen ein freier Wille nicht im Hinblick auf das gegeben sei, was höher, sondern nur im Hinblick auf das, was niedriger ist als er, d. h., daß er weiß, er habe in seinem Vermögen und Besitz das Recht, zu benutzen, zu tun, zu lassen nach freiem Ermessen, obwohl auch dies durch den freien Willen Gottes allein gelenkt wird, wohin auch immer es ihm gefällt. Im übrigen hat er gegen Gott oder in den Dingen, die die Seligkeit oder die Verdammnis betreffen, keinen freien Willen, sondern ist entweder dem Willen Gottes oder dem Willen des Satans gefangen, unterworfen, verknechtet. —

---
1) Evangelium Johannis 8, 36.

Der freie Wille an und für sich ist bei allen Menschen das Reich des Satans. —

Daß der lebendige und wahre Gott ein solcher sein muß, der durch seine Freiheit uns Notwendigkeit auferlegt, wird selbst die natürliche Vernunft zu bekennen genötigt; denn es wäre der Gott lächerlich, oder richtiger ein Götze, der das Zukünftige nur unsicher voraussieht, oder durch die Ereignisse getäuscht wird, während doch auch die Heiden ihren Göttern das Schicksal gegeben haben, dem man sich nicht entwinden kann. Ebenso lächerlich wäre es, wenn er nicht alles könnte und täte, oder wenn etwas ohne ihn geschähe. Ist aber erst sein Vorherwissen und seine Allmacht zugestanden, so folgt naturgemäß kraft unwiderstehlicher Folgerung: Wir sind nicht durch uns selbst geschaffen, leben nicht und tun nichts durch uns selbst, sondern nur durch seine Allmacht. Da er aber zuvor vorausgesehen hat, daß wir derartig sein würden und er nun uns zu solchen macht, uns bewegt und leitet, was kann denn in aller Welt erdacht werden, das in uns frei sei, daß es so oder so geschehe und anders, als er es vorausgewußt hat oder jetzt wirkt? Es widerstreitet also das Vorherwissen und die Allmacht schnurstracks unserem freien Willen. — Freilich ärgert dies aufs höchste jenen gemeinen Verstand oder die natürliche Vernunft, daß Gott rein aus seinem Willen heraus die Menschen verläßt, verstockt, verurteilt, gleich als hätte er Gefallen an den Sünden und den schweren und ewigen Qualen der Unglücklichen, da ihm doch eine so große Barmherzigkeit und Güte zugesprochen wird. So von Gott zu denken, ist unrecht, grausam und unerträglich erschienen; daran haben sich auch so viele und so bedeutende Männer in so vielen Jahrhunderten gestoßen. Ja, wer würde sich nicht daran stoßen? Ich selbst habe mehr als einmal daran Anstoß genommen, bis in die Tiefe und den Abgrund der Verzweiflung, so daß ich wünschte, niemals als Mensch geschaffen zu sein, ehe ich wußte, wie heilsam jene Verzweiflung und wie nahe der Gnade sie sei. — Doch warum ändert Gott nicht zugleich die bösen Willen, die er bewegt? Das gehört zu den Geheimnissen der Majestät, da seine Gerichte unbegreiflich sind. Und es ist nicht unsere Aufgabe, dies zu erforschen, sondern vielmehr, diese Geheimnisse anzubeten.

Wobbermin.

Aus dem Werke: Wesen und Wahrheit des Christentums.

Das Schlußergebnis der Auseinandersetzung (mit den Gegnern der Freiheit) muß genau so formuliert werden: die Einwände gegen die Möglichkeit der ethischen Willensfreiheit sind nicht stichhaltig. Denn das allein kann die Aufgabe wissenschaftlicher Ethik sein, die Möglichkeit ethischer Willensfreiheit zu vertreten. Zur Wirklichkeit kann sie nur der ethische Wille selbst werden lassen. Die Wirklichkeit ethischer Willensfreiheit wissenschaftlich beweisen zu wollen, wäre eine falsch gestellte Aufgabe, ja ein Widerspruch in sich selbst. Ethische Willensfreiheit kann nur in den Freiheitsakten des ethischen Willens wirklich werden.

Das ist das eine, was zur vollen Klärung der Problemlage hervorzuheben ist. Dazu kommt aber noch ein anderes. Die Behandlung der Freiheitsfrage, wie wir sie bisher auf der Grundlage des allgemeinen sittlichen Bewußtseins vornahmen, läßt doch ungelöste Schwierigkeiten zurück. Die Möglichkeit ethischer Willensfreiheit haben wir vertreten. Nun ist aber andererseits nicht zu bestreiten, daß es Momente gibt, in denen der einzelne in sittlicher Hinsicht direkt unfrei ist. — Das sind solche Erfahrungen, wie sie Paulus in seiner ergreifenden Schilderung Röm. 7, 15 ff. heraushebt: „Wollen habe ich wohl, aber vollbringen das Gute finde ich nicht." — „Denn ich tue nicht, das ich will, sondern das ich hasse, das tue ich." — Also die Freiheit, die für die Menschen als geistig-sittliche Wesen zu behaupten ist, darf doch nicht als volle Freiheit gefaßt werden, sondern nur als relative oder teilweise Freiheit. — Aber damit erhält nun die Antwort etwas außerordentlich Unbefriedigendes. Was ist Freiheit, die doch nicht volle, sondern nur teilweise Freiheit ist? Jene Antwort ist ja gar keine wirklich einheitliche Antwort; sie kann eben deshalb auch nicht als abschließende Antwort gelten.

Wir müssen jetzt die Frage so stellen, ob im Lichte der christlichen Glaubensposition und ihrer Gott-Welt-Ansicht jener Sachverhalt, so unbefriedigend er ist, wenigstens verständlich wird; und sodann, ob der christliche Glaube seinerseits über jenes unbefriedigende Resultat hinauszuführen und den Weg zur vollen Freiheit zu zeigen vermag. —

Denen, die im Glauben leben, bewährt der Glaube die Wirklichkeit der Freiheit; denn wer im Glauben lebt, lebt, soweit das wirklich der Fall und nicht bloß Schein und Gerede ist, zugleich in der Freiheit. Das große Wort des Apostels Paulus: „Wo der Geist des Herrn ist, das ist Freiheit", umschließt durchaus auch diesen Sinngehalt.[1]

Indes, auch diese Freiheit ist zunächst nur teilweise, auf den Umkreis des Glaubenslebens beschränkte Freiheit. Sie konzentriert sich in der Freiheit, das innerste Personleben dem in Jesus Christus erkennbaren heiligen Liebeswillen Gottes zu erschließen und hinzugeben. Aber gerade weil jene Freiheit diesen Kern und Mittelpunkt als Quellborn ihrer Wirksamkeit hat, bietet sie dadurch weiterreichende Aussichten für Entfaltung und Wachstum der Freiheit, ja die Aussicht auf allmähliche Annäherung an die volle Freiheit. Denn der Freiheitsakt, der im Glauben selbst wirksam ist und allerdings zunächst auch nur teilweise, nicht volle Freiheit bedeutet, umschließt doch wesensmäßig die Tendenz auf allmähliche und immer weitergreifende Annäherung an volle Freiheit. Diese Tendenz ist geradezu die Grundtendenz des Glaubens überhaupt. Denn es ist die Tendenz, sich Gottes heiligem Liebeswillen zu erschließen, um zur Lebensgemeinschaft mit Gott zu gelangen. Diese Tendenz bedeutet freilich eine unendliche Aufgabe. Aber je mehr wir unseren eigenen Willen durch den heiligen Liebeswillen Gottes bestimmen lassen, um so mehr gewinnt auch unser Wille Teil an der Freiheit, die dem Liebeswillen Gottes eignet. Der Wille Gottes ist ja für den Glauben der unbedingt ethische, so auch der unbedingt freie Wille, der durch nichts als allein durch seine eigene heilige Liebesgesinnung bestimmt wird.

Im ganzen erhalten wir demgemäß im Licht der christlichen Glaubensposition für das Problem der ethischen Willensfreiheit folgenden Ausblick: Volle Freiheit kann für das Erdenleben des Menschen nie fertiger und abgeschlossener Besitz sein, aber sie ist immer Aufgabe und Ziel seiner Bestimmung für die Gemeinschaft ewigen Lebens mit Gott. Der menschliche Wille wird frei in dem Maße, wie er sich selbst an den göttlichen Willen als den höchsten Lebenswillen überhaupt bindet. Volle Freiheit des menschlichen Willens kann sich nur aus der vollen Gebundenheit an den Willen Gottes ergeben. Und diese ist für den Menschen nicht fertiger Besitz, sondern das Ziel seiner Ewigkeitsbestimmung.

---

1) 2. Kor. 3, 7.

Philosophie der Neuzeit.

Einleitende Bemerkungen.

Während des gesamten Verlaufes der neueren Philosophie bildet die Frage der Willensfreiheit eines der meistbehandelten und am heißesten umstrittenen Probleme.

Der Determinismus findet seinen ersten klassischen Vertreter in Spinoza (1632—1677). Durch den französischen Astronomen und Mathematiker Laplace (1749—1827) wird sein tiefster Gehalt auf die denkbar kürzeste und klarste Formel gebracht.

Unter den Philosophen des 19. Jahrhunderts hat besonders Schopenhauer (1788—1860) dazu beigetragen, daß der Determinismus zeitweilig einen fast vollkommenen Sieg errang. Die gewaltige Bedeutung, die dem Determinismus für das Rechtsempfinden und das praktische Rechtsleben zukommt, zeigt die Stelle aus einer Rede des Strafrechtslehrers Franz von Liszt (1851—1919).

Der Indeterminismus tritt in überaus verschiedenartigen, oft weit voneinander abweichenden Formen auf.

Kant (1724—1804) sucht Determinismus und Indeterminismus zu versöhnen.

Schiller (1759—1805) und Fichte (1762—1814), die beide unter Kants Einfluß stehen, sind begeisterte Verkünder menschlicher Freiheit.

Einen Einblick in die indeterministischen Richtungen der Gegenwart gewähren die Quellenstücke aus Werken von Victor Cathrein S. J. (geb. 1845), Hans Driesch (geb. 1867) und Fritz Medicus (geb. 1876). Während Cathrein das Vorhandensein der Willensfreiheit zu beweisen sucht, ist Driesch überzeugt, daß die Frage grundsätzlich nicht entscheidbar ist. Medicus hat als erster den Versuch gemacht, zur Lösung des Freiheitsproblems die Ergebnisse der modernen Physik, insbesondere der neuen Atomforschung, heranzuziehen.

Den Abschluß bilden einige Worte Goethes (1749—1832), die einerseits seine Überzeugung von der theoretischen Unlösbarkeit des Freiheitsproblems erkennen lassen, andererseits aber in gleicher Weise das Gefühl der Gebundenheit des Menschen an die Natur wie das Bewußtsein seiner sittlichen Freiheit zum Ausdruck bringen.

Vertreter des Determinismus.

Spinoza.

Aus der Ethik.

Das Ding soll frei heißen, das nur kraft der Notwendigkeit seiner Natur existiert, und allein durch sich selbst zum Handeln bestimmt wird; notwendig dagegen, oder besser gezwungen, das Ding, das von einem anderen bestimmt wird, auf gewisse und bestimmte Weise zu existieren und zu wirken. —

Es gibt in der Seele keinen unbedingten oder freien Willen, sondern die Seele wird bestimmt, dies oder jenes zu wollen, von einer Ursache, die ebenfalls von einer anderen bestimmt ist und diese wiederum von einer anderen, und so weiter ins Unendliche. —

Die Menschen täuschen sich, wenn sie sich für frei halten; und dieser ihr Wahn besteht allein darin, daß sie sich ihrer Handlungen bewußt sind, ohne eine Kenntnis der Ursachen zu haben, von denen sie bestimmt werden. Die Idee ihrer Freiheit ist also die, daß sie keine Ursache ihrer Handlungen kennen. Denn wenn sie sagen, die menschlichen Handlungen hingen vom Willen ab, so sind das Worte, mit denen sie keine Idee verbinden. —

Die Erfahrung lehrt ebenso klar als die Vernunft, daß ... die Beschlüsse der Seele nichts weiter sind, als die Triebe selbst, weswegen sie je nach der verschiedenen Beschaffenheit des Körpers verschieden sind. Denn jeder tut alles auf Grund seines Affekts[1]; und wer von entgegengesetzten Affekten bedrängt wird, der weiß nicht, was er will; wer aber gar keinen Affekt hat, läßt sich durch jeden unbedeutenden Anlaß hierhin und dorthin treiben.

Laplace.
Aus dem philosophischen Versuch über die Wahrscheinlichkeiten.

Ein Geist, der für einen gegebenen Augenblick alle Kräfte kennte, von denen die Natur belebt ist, und die gegenseitige Lage der Wesen, die sie zusammensetzen, und der außerdem umfassend genug wäre, diese Angaben der Analyse zu unterwerfen, würde in derselben Formel die Bewegungen der größten Weltkörper und die des leichtesten Atoms umfassen: nichts wäre für ihn ungewiß, und die Zukunft wie die Vergangenheit würde seinen Augen gegenwärtig sein. Der menschliche Verstand stellt in der Vollendung, die er der Astronomie zu geben vermocht hat, ein schwaches Abbild dieses Geistes dar.

---

[1] Gemütserregung.

Schopenhauer.

Aus der Schrift über die Freiheit des menschlichen Willens.

Die Notwendigkeit, mit der die Motive, wie alle Ursachen überhaupt, wirken, ist keine voraussetzungslose. Ihre Voraussetzung ist der angeborene, individuelle Charakter. Wie jede Wirkung in der unbelebten Natur ein notwendiges Produkt zweier Faktoren ist, nämlich der hier sich äußernden allgemeinen Naturkraft und der diese Äußerung hier hervorrufenden einzelnen Ursache; gerade so ist jede Tat eines Menschen das notwendige Produkt seines Charakters und des eingetretenen Motivs. Sind diese beiden gegeben, so erfolgt sie unausbleiblich. Damit eine andere entstände, müßte entweder ein anderes Motiv oder ein anderer Charakter gesetzt werden. Auch würde jede Tat sich mit Sicherheit vorhersagen, ja, berechnen lassen; wenn nicht teils der Charakter sehr schwer zu erforschen, teils auch das Motiv oft verborgen und stets der Gegenwirkung anderer Motive, die allein in der Gedankensphäre des Menschen, anderen unzugänglich, liegen, bloßgestellt wäre. Durch den angeborenen Charakter des Menschen sind schon die Zwecke überhaupt, welchen er unabänderlich nachstrebt, im wesentlichen bestimmt: die Mittel, welche er dazu ergreift, werden bestimmt teils durch die äußeren Umstände, teils durch seine Auffassung derselben, deren Richtigkeit wieder von seinem Verstande und dessen Bildung abhängt. Als Endresultat von dem allen erfolgen nun seine einzelnen Taten, mithin die ganze Rolle, welche er in der Welt zu spielen hat. —

Zu erwarten, daß ein Mensch, bei gleichem Anlaß, einmal so, ein andermal aber ganz anders handeln würde, wäre, wie wenn man erwarten wollte, daß derselbe Baum, der diesen Sommer Kirschen trug, im nächsten Birnen tragen werde. Die Willensfreiheit bedeutet, genau betrachtet, eine Existentia[1] ohne Essentia[2]; welches heißt, daß etwas sei und dabei doch Nichts sei, welches wiederum heißt, nicht sei, also ein Widerspruch ist. —

Man muß (in bezug auf das Problem der Willensfreiheit) die Frage folgendermaßen stellen:

1. Sind einem gegebenen Menschen, unter gegebenen Umständen,

---

1) existentia (lat.) = Dasein.   2) essentia (lat.) = Wesen.

zwei Handlungen möglich, oder nur eine? — Antwort aller Tiefdenkenden: Nur eine.

2. Konnte der zurückgelegte Lebenslauf eines gegebenen Menschen — angesehen, daß einerseits sein Charakter unveränderlich feststeht und andererseits die Umstände, deren Einwirkung er zu erfahren hatte, durchweg und bis auf das Kleinste herab von äußeren Ursachen, die stets mit strenger Notwendigkeit eintreten und deren aus lauter ebenso notwendigen Gliedern bestehende Kette ins Unendliche hineinläuft, notwendig bestimmt wurden — irgendworin, auch nur im Geringsten, in irgendeinem Vorgang, einer Szene, anders ausfallen, als er ausgefallen ist? — Nein! ist die konsequente und richtige Antwort.

Die Folgerung aus beiden Sätzen ist: Alles, was geschieht, vom Größten bis zum Kleinsten, geschieht notwendig.

Liszt.
Aus einem Vortrag über die strafrechtliche Zurechnungsfähigkeit.

Wer auf Motive in normaler Weise reagiert, ist zurechnungsfähig. Die Zurechnungsfähigkeit entfällt mit jeder Störung des Seelenlebens, sei es im Gebiete des Vorstellens oder des Empfindens oder des Wollens, durch welche die Reaktion anormal, atypisch gestaltet wird.

Derselbe Gedanke läßt sich auch so ausdrücken: Zurechnungsfähig ist jeder geistig reife und geistig gesunde Mensch im Zustande ungetrübten Bewußtseins; nur mangelnde Reife, Geisteskrankheit, Bewußtseinsstörung schließen die Zurechnungsfähigkeit aus. — Diese Fassung scheint den Erfolg der Strafe zu verbürgen, mindestens soweit diese die Einpflanzung oder Ausrottung, die Stärkung oder Schwächung motivierender Vorstellungen bezweckt. Zurechnungsfähigkeit bedeutet demnach die Empfänglichkeit für die durch die Strafe bezweckte Motivsetzung. —

Dennoch sprechen auch gegen diese Fassung gewichtige Bedenken. — Ich kann meine Bedenken in zwei Fragen kleiden, deren jede Antwort fordert, ohne daß wir auch nur eine von ihnen in einigermaßen befriedigender Weise zu beantworten vermöchten.

1. Der normale Mensch also soll zurechnungsfähig sein. Den Verbrecher trifft die Strafe, eben weil und soweit er normal ist. Durch anormale Reaktion auf Motive wird die Zurechnungsfähigkeit aus=

geschlossen. Aber was ist normale Reaktion? Das ist die erste der beiden Fragen. Wo ist der Maßstab, mit dem wir messen, und wie weit reicht der Spielraum, der uns dabei vergönnt ist? Ist nicht jedes Verbrechen eine Abweichung von dem normalen Verhalten des Durchschnittsmenschen? Wenn nagende Eifersucht oder glühende Vaterlandsliebe, wenn aufflammende Sinnlichkeit oder drückende Not, die tiefsten Tiefen des Seelenlebens aufwühlend, die schlummernden Triebe entfesselnd, alle Hemmungsvorstellungen überrennend, den Täter zur jähen Freveltat hingerissen haben — kann der Zustand „normal" genannt werden, in dem er zur Zeit der Begehung sich befunden hat? Ist der dreizehnjährige Dieb „normal", der in Not und Krankheit, in Schande und Laster aufgewachsen ist, an Körper und Seele verwahrlost und gebrochen, im innersten Mark verfault, lang ehe er zur Reife gekommen? —

Der Begriff des „Normalen" schließt einen gewissen Spielraum mit logischer Notwendigkeit in sich; aber wie uferlos weit müssen die Grenzen des „normalen" Seelenzustandes gespannt werden, sollen sie alle die Spielarten mit umschließen, auf deren Bestrafung zu verzichten wir heute noch mit allen Kräften uns sträuben!

2. Dazu tritt die zweite Frage. Soweit der Zweck der Strafe wirklich dahin geht, motivierende Vorstellungen zu geben oder zu nehmen, soweit also die Strafe, um die technischen Ausdrücke zu gebrauchen, bessern oder abschrecken soll, ebensoweit wird allerdings die „Empfänglichkeit für die durch die Strafe bezweckte Motivsetzung" einerseits als unerläßliche Bedingung für Eintritt und Wirksamkeit der Strafe, anderseits als geeignetes Kennzeichen für die Scheidung von Verbrechen und Wahnsinn, von Zuchthaus und Irrenanstalt Verwertung finden können. Aber wenn der unausrottbare Hang zum Verbrechen jeder Besserung wie jeder Abschreckung spottet, wenn es sich lediglich darum handelt, die Gesellschaft gegen den Unverbesserlichen zu sichern durch Hinrichtung oder Verbannung oder dauernde Einsperrung — was soll uns hier, wo von Motivsetzung durch die Strafe nicht mehr die Rede ist, die Motivierbarkeit des Täters als Voraussetzung für die Verhängung der Strafe? —

Wie lange ist es her, daß in den Augen des Volkes auch dem Wahnsinnigen das Brandmal der Schuld aufgedrückt war? Die Geschichte des Irrenwesens ist ein fortgesetzter Kampf gegen überlieferte Vorurteile, die mit dem Geltungsanspruch ethischer Werturteile an Ju=

risten und Ärzte herantreten. — Daß die Kriminalpolitik denselben Weg gehen wird, den das Irrenwesen gegangen ist, bezweifle ich keinen Augenblick. Den Kampf gegen das Verbrechen werden wir weiterführen, kräftiger, umfassender und zielbewußter als bisher. Wir werden es in seiner tiefsten Wurzel, in den gesellschaftlichen Verhältnissen, denen es entstammt, zu treffen suchen. Wir werden auch den einzelnen Verbrecher selbst fassen, ohne jede falsche Schwäche, abschreckend, bessernd, unschädlich machend — wie es gerade sein muß. Mit unserem sozialen Unwerturteil über den Mann und seine Tat werden wir nicht zurückhalten. Aber das Brandmal werden wir ihm nicht mehr auf die Stirne brennen. Die Begriffe „Schuld" und „Sühne" mögen in den Schöpfungen unserer Dichter weiterleben wie bisher; strenger Kritik der geläuterten wissenschaftlichen Erkenntnis vermögen sie nicht standzuhalten. — Die begriffliche Scheidewand zwischen Verbrechen und Wahnsinn fällt und mit ihr die starre Herrschaft des juristischen Begriffs der strafrechtlichen Zurechnungsfähigkeit.

Vertreter des Indeterminismus.
Kant.
Aus der Kritik der reinen Vernunft.

(Möglichkeit der Kausalität durch Freiheit in Vereinigung mit dem allgemeinen Gesetze der Naturnotwendigkeit.)

Ich nenne dasjenige an einem Gegenstande der Sinne, was selbst nicht Erscheinung[1] ist, intelligibel. Wenn demnach dasjenige, was in der Sinnenwelt als Erscheinung angesehen werden muß, an sich selbst

---

1) Nach der Auffassung Kants ist die sinnlich wahrnehmbare (sensible), in Raum und Zeit ausgedehnte und vom Gesetze der Kausalität beherrschte Welt nicht die wirkliche Welt der „Dinge an sich", sondern die Welt der „erscheinenden Dinge" oder „Phänomena", also eine Erscheinungswelt. Der menschliche Geist trägt in sich die „Anschauungsformen" Raum und Zeit und die „Denkformen" oder „Kategorien", deren wichtigste die der Kausalität ist, als ein vor aller Erfahrung oder „a priori" ihm verliehenes Vermögen. Indem die von den Dingen an sich ausgehenden Wirkungen in die dem menschlichen Geiste angeborenen Anschauungs- und Denkformen eingehen, entsteht die Erscheinungswelt, die allein unserer an diese Formen gebundenen Erkenntnis zugänglich ist. Dagegen entzieht sich die den Erscheinungen oder Vorstellungen zugrunde liegende rein geistige (intelligible) Welt der Dinge an sich oder „Gedankendinge" (Noumena) völlig unserer Erkenntnis.

auch ein Vermögen hat, welches kein Gegenstand der sinnlichen Anschauung ist, wodurch es aber doch die Ursache von Erscheinungen sein kann, so kann man die Kausalität dieses Wesens auf zwei Seiten betrachten, als intelligibel nach ihrer Handlung, als eines Dinges an sich selbst, und als sensibel, nach den Wirkungen derselben, als einer Erscheinung in der Sinnenwelt. Wir würden uns demnach von dem Vermögen eines solchen Subjekts einen empirischen[1], imgleichen auch einen intellektuellen[2] Begriff seiner Kausalität machen, welche bei einer und derselben Wirkung zusammen stattfinden. Eine solche doppelte Seite, das Vermögen eines Gegenstandes der Sinne sich zu denken, widerspricht keinem von den Begriffen, die wir uns von Erscheinungen und von einer möglichen Erfahrung zu machen haben. Denn da diesen, weil sie an sich keine Dinge sind, ein transzendentaler[3] Gegenstand zum Grunde liegen muß, der sie als bloße Vorstellungen bestimmt, so hindert nichts, daß wir diesem transzendentalen Gegenstande außer der Eigenschaft, dadurch er erscheint, nicht auch eine Kausalität beilegen sollten, die nicht Erscheinung ist, obgleich die Wirkung dennoch in der Erscheinung angetroffen wird. Es muß aber eine jede wirkende Ursache einen Charakter haben, d. i. ein Gesetz ihrer Kausalität, ohne welches sie gar nicht Ursache sein würde. Und da würden wir an einem Subjekte der Sinnenwelt erstlich einen empirischen Charakter haben, wodurch seine Handlungen, als Erscheinungen, durch und durch mit anderen Erscheinungen nach beständigen Naturgesetzen im Zusammenhang ständen, und von ihnen, als ihren Bedingungen, abgeleitet werden könnten, und also mit diesen in Verbindung Glieder einer einzigen Reihe der Naturordnung ausmachten. Zweitens würde man ihm noch einen intelligiblen Charakter einräumen müssen, dadurch es zwar die Ursache jener Handlungen als Erscheinungen ist, der aber selbst unter keinen Bedingungen der Sinnlichkeit steht und selbst nicht Erscheinung ist. Man könnte auch den ersteren den Charakter eines solchen Dinges in der Erscheinung, den zweiten den Charakter des Dinges an sich nennen.

Dieses handelnde Subjekt würde nun nach seinem intelligiblen Charakter unter keinen Zeitbedingungen stehen; denn die Zeit ist nur

---

1) Der Erfahrung zugänglich.   2) Rein geistig.
3) Mit dem Ausdruck transzendental bezeichnet Kant das, was die vor aller Erfahrung liegenden, a priori vorhandenen Bedingungen der Erfahrung betrifft.

die Bedingung der Erscheinungen, nicht aber der Dinge an sich selbst. In ihm würde keine Handlung entstehen oder vergehen, mithin würde es auch nicht dem Gesetze aller Zeitbestimmung, alles Veränderlichen unterworfen sein: daß alles, was geschieht, in den Erscheinungen (des vorigen Zustandes) seine Ursache antreffe. Mit einem Worte, die Kausalität desselben, sofern sie intellektuell ist, stände gar nicht in der Reihe der empirischen Bedingungen, welche die Begebenheit in der Sinnenwelt notwendig machen. Dieser intelligible Charakter könnte zwar niemals unmittelbar gekannt werden, weil wir nichts wahrnehmen können, als sofern es erscheint; aber er würde doch dem empirischen Charakter gemäß gedacht werden müssen, so wie wir überhaupt einen transzendentalen Gegenstand den Erscheinungen in Gedanken zum Grunde legen müssen, ob wir zwar von ihm, was er an sich selbst ist, nichts wissen.

Nach seinem empirischen Charakter würde also dieses Subjekt als Erscheinung, allen Gesetzen der Bestimmung nach, der Kausalverbindung unterworfen sein, und es wäre sofern nichts, als ein Teil der Sinnenwelt, dessen Wirkungen, so wie jede andere Erscheinung, aus der Natur unausbleiblich abflössen. So wie äußere Erscheinungen in dasselbe einflössen, wie sein empirischer Charakter, d. i. das Gesetz seiner Kausalität, durch Erfahrung erkannt wäre, müßten sich alle seine Handlungen nach Naturgesetzen erklären lassen, und alle Requisite[1] zu einer vollkommenen und notwendigen Bestimmung derselben müßten in einer möglichen Erfahrung angetroffen werden.

Nach dem intelligiblen Charakter desselben aber (ob wir zwar davon nichts als bloß den allgemeinen Begriff desselben haben können) würde dasselbe Subjekt dennoch von allem Einflusse der Sinnlichkeit und Bestimmung durch Erscheinungen freigesprochen werden müssen, und, da in ihm, sofern es Noumenon ist, nichts geschieht, keine Veränderung, welche dynamische Zeitbestimmung erheischt[2], mithin keine Verknüpfung mit Erscheinungen als Ursachen angetroffen wird, so würde dieses tätige Wesen sofern in seinen Handlungen von aller Naturnotwendigkeit, als die lediglich in der Sinnenwelt angetroffen

---

1) Bedürfnisse, Erfordernisse.
2) Veränderung, die auf irgendwelche innerhalb eines Zeitverlaufes sich auswirkende Kräfte zurückgeht.

wird, unabhängig und frei sein. Man würde von ihm ganz richtig sagen, daß es seine Wirkungen in der Sinnenwelt von selbst anfange, ohne daß die Handlung in ihm selbst anfängt, und dieses würde gültig sein, ohne daß die Wirkungen in der Sinnenwelt darum von selbst anfangen dürfen, weil sie in derselben jederzeit durch empirische Bedingungen in der vorigen Zeit, aber doch nur vermittelst des empirischen Charakters (der bloß die Erscheinung des intelligiblen ist), vorher bestimmt und nur als eine Fortsetzung der Reihe der Naturursachen möglich sind. So würde denn Freiheit und Natur, jedes in seiner vollständigen Bedeutung, bei ebendenselben Handlungen, nachdem man sie mit ihrer intelligiblen oder sensiblen Ursache vergleicht, zugleich und ohne allen Widerstreit angetroffen werden.

Aus der Kritik der praktischen Vernunft.

Um nun den scheinbaren Widerspruch zwischen Naturmechanismus und Freiheit in ein und derselben Handlung aufzuheben, muß man sich an das erinnern, was in der Kritik der reinen Vernunft gesagt war oder daraus folgt: daß die Naturnotwendigkeit, welche mit der Freiheit des Subjekts nicht zusammen bestehen kann, bloß den Bestimmungen desjenigen Dinges anhängt, das unter Zeitbedingungen steht, folglich nur denen des handelnden Subjekts als Erscheinung, daß also sofern die Bestimmungsgründe einer jeden Handlung desselben in demjenigen liegen, was zur vergangenen Zeit gehört und nicht mehr in seiner Gewalt ist (wozu auch seine schon begangenen Taten und der ihm dadurch bestimmbare Charakter in seinen eigenen Augen, als Phänomens, gezählt werden müssen). Aber ebendasselbe Subjekt, das sich anderseits auch seiner als Dinges an sich selbst bewußt ist, betrachtet auch sein Dasein, sofern es nicht unter Zeitbestimmungen steht, sich selbst aber nur als bestimmbar durch Gesetze, die es sich durch Vernunft selbst gibt, und in diesem seinem Dasein ist ihm nichts vorhergehend vor seiner Willensbestimmung, sondern jede Handlung, und überhaupt jede dem inneren Sinne gemäß wechselnde Bestimmung seines Daseins, selbst die ganze Reihenfolge seiner Existenz als Sinnenwesen, ist im Bewußtsein seiner intelligiblen Existenz nichts als Folge, niemals aber als Bestimmungsgrund seiner Kausalität, als Noumenon, anzusehen. In diesem Betracht nun kann das vernünftige Wesen von einer jeden gesetzwidrigen Handlung, die es verübt, ob sie gleich als Erscheinung in dem Vergangenen hinreichend bestimmt und sofern unausbleiblich notwendig ist, mit Recht sagen, daß er[1] sie hätte unterlassen können; denn sie mit allem Vergangenen, das sie bestimmt, gehört zu einem einzigen Phänomen seines Charakters, den er[1] sich selbst verschafft, und nach welchem er[1] sich, als einer von aller Sinnlichkeit unabhängigen Ursache, die Kausalität jener Erscheinungen selbst zurechnet.

Hiermit stimmen nun auch die Richtersprüche desjenigen wundersamen Vermögens in uns, welches wir Gewissen nennen, vollkommen überein. Ein Mensch mag künsteln, soviel er will, um ein gesetzwidriges Betragen, dessen er sich erinnert, sich als unvorsätzliches Versehen, als bloße Unbehutsamkeit, die man niemals gänzlich vermeiden kann, folglich als etwas, worin er vom Strom der Naturnotwendigkeit fortgerissen wäre, vorzumalen und sich darüber für schuldfrei zu erklären: so findet er doch, daß der Advokat, der zu seinem Vorteil spricht, den Ankläger in ihm keineswegs zum Verstummen bringen könne, wenn er sich bewußt ist, daß er zu der Zeit, als er das Unrecht verübte, nur bei Sinnen, d. i. im Gebrauche seiner Freiheit war, und gleichwohl erklärt er sich sein Vergehen aus gewisser übler, durch allmähliche Vernachlässigung der Achtsamkeit auf sich selbst zugezogener Gewohnheit bis auf den Grad, daß er es als eine natürliche Folge derselben ansehen kann, ohne daß dieses ihn gleichwohl wider den Selbsttadel und den Verweis sichern kann, den er sich selbst macht. Darauf gründet sich denn auch die Reue über eine längst begangene Tat bei jeder Erinnerung derselben; eine schmerzhafte, durch moralische Gesinnung gewirkte Empfindung, die sofern praktisch leer ist, als sie nicht dazu dienen kann, das Geschehene ungeschehen zu machen und sogar ungereimt sein würde, — aber als Schmerz doch ganz rechtmäßig ist, weil die Vernunft, wenn es auf das Gesetz unserer intelligiblen Existenz (das moralische) ankommt, keinen Zeitunterschied anerkennt und nur fragt, ob die Begebenheit mir als Tat angehöre, alsdann aber immer dieselbe Empfindung damit moralisch verknüpft, sie mag jetzt geschehen oder vorlängst geschehen sein. Denn das Sinnenleben hat in Ansehung des intelligiblen Bewußtseins seines Daseins (der Freiheit) absolute Einheit eines Phänomens, welches, sofern es bloß Erscheinungen von der Gesinnung, die das

---

1) Eigentlich müßte es heißen: es.

moralische Gesetz angeht (von dem Charakter), enthält, nicht nach der Naturnotwendigkeit, die ihm als Erscheinung zukommt, sondern nach der absoluten Spontaneität[1] der Freiheit beurteilt werden muß. Man kann also einräumen, daß, wenn es für uns möglich wäre, in eines Menschen Denkungsart, so wie sie sich durch innere sowohl als äußere Handlungen zeigt, so tiefe Einsicht zu haben, daß jede, auch die mindeste Triebfeder dazu uns bekannt würde, imgleichen alle auf diese wirkenden äußeren Veranlassungen, man eines Menschen Verhalten auf die Zukunft mit Gewißheit, so wie eine Mond- und Sonnenfinsternis ausrechnen könnte, und dennoch dabei behaupten, daß der Mensch frei sei. Wenn wir nämlich noch eines anderen Blicks (der uns aber freilich gar nicht verliehen ist, sondern an dessen Statt wir nur den Vernunftbegriff haben), nämlich einer intellektuellen Anschauung desselben Subjekts fähig wären, so würden wir doch inne werden, daß diese ganze Kette von Erscheinungen in Ansehung dessen, was nur immer das moralische Gesetz angehen kann, von der Spontaneität des Subjekts als Dinges an sich selbst abhängt, von deren Bestimmung sich gar keine physische Erklärung geben läßt.

Schiller.
Aus der Schrift: Über Anmut und Würde.

„Würde." So wie die Anmut der Ausdruck einer schönen Seele, so ist Würde der Ausdruck einer erhabenen Gesinnung. Es ist dem Menschen zwar aufgegeben, eine innige Übereinstimmung zwischen seinen beiden Naturen[2] zu stiften, immer ein harmonisierendes Ganze zu sein, und mit seiner vollstimmigen ganzen Menschheit zu handeln. Aber diese Charakterschönheit, die reifste Frucht seiner Humanität, ist bloß eine Idee, welcher gemäß zu werden er mit anhaltender Wachsamkeit streben, aber die er bei aller Anstrengung nie ganz erreichen kann.

Der Grund, warum er es nicht kann, ist die unveränderliche Einrichtung seiner Natur; es sind die physischen Bedingungen seines Daseins selbst, die ihn daran verhindern. — Der Naturtrieb bestimmt das Empfindungsvermögen durch die gedoppelte Macht von Schmerz

---
1) Fähigkeit des selbständigen Hervorbringens von innen, Selbsttätigkeit.
2) Sinnlichkeit und Vernunft.

und Vergnügen; durch Schmerz, wo er Befriedigung fordert, durch Vergnügen, wo er sie findet. Da einer Naturnotwendigkeit nichts abzudingen ist, so muß auch der Mensch, seiner Freiheit ungeachtet, empfinden, was die Natur ihn empfinden lassen will, und je nachdem die Empfindung Schmerz oder Lust ist, so muß bei ihm ebenso unabänderlich Verabscheuung oder Begierde erfolgen. In diesem Punkte steht er dem Tiere vollkommen gleich, und der starkmütigste Stoiker fühlt den Hunger ebenso empfindlich und verabscheut ihn ebenso lebhaft, als der Wurm zu seinen Füßen.

Jetzt aber fängt der große Unterschied an. Auf die Begierde und Verabscheuung erfolgt bei dem Tiere ebenso notwendig Handlung, als Begierde auf Empfindung, und Empfindung auf den äußeren Eindruck erfolgte. Es ist hier eine stetig fortlaufende Kette, wo jeder Ring notwendig in den anderen greift. Bei dem Menschen ist noch eine Instanz mehr, nämlich der Wille, der als ein übersinnliches Vermögen weder dem Gesetz der Natur, noch dem der Vernunft so unterworfen ist, daß ihm nicht vollkommen freie Wahl bliebe, sich entweder nach diesem oder nach jenem zu richten. Das Tier muß streben, den Schmerz los zu sein, der Mensch kann sich entschließen, ihn zu behalten.

Der Wille des Menschen ist ein erhabener Begriff, auch dann, wenn man auf seinen moralischen Gebrauch nicht achtet. Schon der bloße Wille erhebt den Menschen über die Tierheit; der moralische erhebt ihn zur Gottheit. Er muß aber jene zuvor verlassen haben, ehe er sich dieser nähern kann; daher ist es kein geringer Schritt zur moralischen Freiheit des Willens, durch Brechung der Naturnotwendigkeit in sich, auch in gleichgültigen Dingen, den bloßen Willen zu üben.

Aus dem Gedichte: Das Ideal und das Leben.

> Nehmt die Gottheit auf in euren Willen,
> und sie steigt von ihrem Weltenthron.
> Des Gesetzes strenge Fessel bindet
> nur den Sklavensinn, der es verschmäht;
> mit des Menschen Widerstand verschwindet
> auch des Gottes Majestät.

Fichte.

Aus der Schrift: Die Bestimmung des Menschen.

Die Stimme des Gewissens, die jedem seine besondere Pflicht auflegt, ist der Strahl, an welchem wir aus dem Unendlichen ausgehen, und als einzelne und besondere Wesen hingestellt werden; sie zieht die Grenzen unserer Persönlichkeit; sie also ist unser wahrer Urbestandteil, der Grund und der Stoff alles Lebens, welches wir haben. Die absolute Freiheit des Willens, die wir gleichfalls aus dem Unendlichen mit hinabnehmen in die Welt der Zeit, ist das Prinzip dieses unseres Lebens. —

Wäre das die ganze Absicht unseres Daseins, einen irdischen Zustand unseres Geschlechtes hervorzubringen, so bedürfte es lediglich eines unfehlbaren Mechanismus, der unser äußeres Handeln bestimmte, und wir brauchten nichts mehr zu sein, als der ganzen Maschine wohleingepaßte Räder. Die Freiheit wäre dann nicht bloß vergebens, sondern sogar zweckwidrig; der gute Wille vollkommen überflüssig. Die Welt wäre höchst ungeschickt eingerichtet und ginge mit Verschwendung und durch Umwege zu ihrem Ziele. Hättest du, mächtiger Weltgeist, diese Freiheit, die du nur mit Mühe und durch eine andere Veranstaltung deinen Plänen anpassen mußt, uns lieber genommen, und uns geradezu genötigt, zu handeln, wie wir für deine Pläne handeln sollten, du kämst dann auf dem kürzesten Wege zum Ziele, wie der geringste Bewohner deiner Welten dir sagen kann. — Aber ich bin frei; und darum kann ein solcher Zusammenhang der Ursachen und Wirkungen, in welchem die Freiheit absolut überflüssig und zwecklos ist, meine ganze Bestimmung nicht erschöpfen. Ich soll frei sein; denn nicht die mechanisch hervorgebrachte Tat, sondern die freie Bestimmung der Freiheit lediglich um des Gebotes, und schlechthin um keines anderen Zweckes willen — so sagt uns die innere Stimme des Gewissens — diese allein macht unseren wahren Wert aus.

Aus den Reden an die deutsche Nation.

So findet denn auf die allgemeine Frage, ob der Mensch frei sei oder nicht, keine allgemeine Antwort statt; denn eben weil der Mensch frei ist, in niederem Sinne: weil er bei unentschiedenem Schwanken und Wanken anhebt, kann er frei sein, oder auch nicht frei, im höheren

Sinne des Worts. In der Wirklichkeit ist die Weise, wie jemand diese Frage beantwortet, der klare Spiegel seines wahren inwendigen Seins. Wer in der Tat nicht mehr ist, als ein Glied in der Kette der Erscheinungen, der kann wohl einen Augenblick sich frei wähnen, aber seinem strengen Denken hält dieser Wahn nicht stand; wie er aber sich selbst findet, eben also denkt er notwendig sein ganzes Geschlecht. Wessen Leben dagegen ergriffen ist von dem Wahrhaftigen und Leben unmittelbar aus Gott geworden ist, der ist frei und glaubt an Freiheit in sich und andern.

Cathrein.
Aus dem Werke: Moralphilosophie.
Beweise für die Willensfreiheit.

Erster Beweis: Eine Überzeugung, die sich unweigerlich, immer und überall allen Menschen aufnötigt, kann unmöglich falsch sein. Wer das Gegenteil behaupten wollte, wäre, wenn er konsequent sein will, schließlich gezwungen, sich dem vollständigen Skeptizismus[1] in die Arme zu werfen. Nun gibt es aber kaum eine Überzeugung, die uns durch unser Bewußtsein so unzweideutig und unweigerlich aufgenötigt wird, als die, daß wir in den meisten Handlungen nicht innerer Nötigung folgen, sondern es in unserer Gewalt haben, zu handeln oder nicht zu handeln, so oder anders zu handeln. Jeder vernünftige Mensch unterscheidet im wachen Zustande ganz genau jene Handlung, die er mit freiem Willen vornimmt, von jenen, die nicht von seiner Freiheit abhängen. — Wir sind uns klar bewußt, daß der Blutumlauf, der Pulsschlag von unserm Willen unabhängig ist. Wenn ich dagegen an meinem Schreibtische sitze, so sagt mir das Bewußtsein ganz unzweideutig, daß ich das nicht mit Notwendigkeit tue, sondern frei, weil ich will und so lange ich will. Ich kann jeden Augenblick die Arbeit unterbrechen und mich einer andern Beschäftigung zuwenden. Ich bin also in dieser Beziehung Herr über mein Tun und Lassen.

Den zweiten Beweis für die Freiheit bietet uns die übereinstimmende Ansicht aller Menschen, wie sie sich im praktischen Leben offenbart.

---

1) Grundsätzlicher Zweifel an der Erkennbarkeit der Wahrheit.

a) Alle Menschen unterscheiden zwischen Recht und Unrecht, Tugend und Laster, Verdienst und Schuld, zwischen rein natürlichen Vorzügen oder Fehlern und Tugenden oder Lastern. Alle gestehen, daß wegen sittlicher Vorzüge oder Mängel jeder Lob oder Tadel verdient, weil er dafür verantwortlich ist, nicht aber wegen rein physischer Güter oder Fehler, weil diese nicht von seiner Freiheit abhängen. —

b) Auch die Gesetze und Vorschriften, die bei allen Völkern in Kraft sind, die Ratschläge, Ermahnungen, Bitten und Drohungen, die angewandt, die Belohnungen und Strafen, die ausgeteilt werden, sind ein lautes Zeugnis für die Überzeugung des Menschengeschlechts von dem Dasein der Freiheit. Sie setzen voraus, daß der Mensch nicht notwendig an ein bestimmtes Benehmen gebunden ist, daß er sein Tun und Lassen bestimmen kann und deshalb auch die Verantwortlichkeit für dasselbe trägt. Wie darf man jemand bestrafen oder belohnen, wenn er nicht anders handeln konnte?

c) Selbst diejenigen, welche in der Theorie die Freiheit bekämpfen, erweisen sich im praktischen Leben als Anhänger derselben. Man sehe nur zu, wie sie sich benehmen, wenn sie von andern beschimpft, betrogen oder mit Undank behandelt werden. Welche bittere Vorwürfe die letzteren dann zu hören bekommen.

Dritter Beweis. Die Leugnung der Freiheit ist der Ruin jeder sittlichen Ordnung. Nach dem Determinismus ist der ganze Verlauf sowohl der äußeren Natur als des Innenlebens des Menschen an unabänderliche Gesetze gebunden. Wir mögen vielleicht diese Gesetze nicht kennen, aber sie sind vorhanden, und nichts vermag ihren Verlauf zu hemmen oder zu ändern. — Gibt es keine Freiheit, so regiert nicht der Mensch sein Wollen, sondern dieses wird von den auf- und abwogenden Motiven bestimmt; der Mensch treibt nicht, er wird getrieben.

In der Tat, entweder hat es der Mensch in seiner Gewalt, in den Verlauf dieser Gesetze irgendwie nach seiner Wahl bestimmend einzugreifen, oder nicht. Ja oder nein. Wenn ja, so ist er frei; wenn nicht, so wird er mit unerbittlicher Notwendigkeit getrieben, und nichts vermag die einmal vorhandene Bewegungsrichtung zu ändern. Das aber ist der grauenvolle Fatalismus[1], der im Keime jedes sittliche Streben erstickt.

---

1) Glauben an ein unabwendbares Schicksal (Fatum).

Driesch.
Aus der Wirklichkeitslehre.

Will man die Frage der menschlichen Willensfreiheit gesondert behandeln, so ist der Sachverhalt zunächst einmal der, daß der "intelligible Charakter", d. h. das metaphysische Korrelat[1] des empirischen, selbstredend des letzteren Grund ist. Die Frage ist nun diese: Ist der intelligible Charakter frei? Kant nennt ihn "beharrliche Bedingung" und lehrt damit implizite[2] seine Unfreiheit; das Wort "frei" steht ihm für "wesensgemäß", d. h. nur dem intelligiblen Charakter und nichts Fremdem "gemäß", und besagt für die Hauptsache gar nichts, da ja der intelligible Charakter des empirischen Grund sein muß. Gäbe es Willensfreiheit, so würde das heißen: Der intelligible Charakter ist nicht ein fester, solcher, ist also nicht "beharrlich", sondern "macht sich"; also ist auch sein empirisches Korrelat, die Seele, nicht beharrlich, also keine feste Ursache. Also ist jede Handlung Zeichen eines neuen Schrittes der Seele, und zwar im Sinne der "Erscheinung" eines neuen Schrittes des evolutiven[3] intelligiblen Charakters. Sehr selten sind in der Geschichte der Philosophie Lehren aufgetreten, welche die "vor" ihrer Entfaltung bestehende Vollendung überpersönlicher Ganzheit[4] geleugnet haben. Fälschlich also werden viele philosophische Lehren mit dem Namen des "Pantheismus"[5] benannt, welcher, will man hier Klarheit der Bezeichnung, durchaus der hier von uns erörterten Lehre vom Nichtdasein ursprünglicher Ganzheitsvollendung vorbehalten bleiben muß. — Der rückhaltloseste Bekenner eines reinen Pantheismus in unserem Sinne aber — und damit auch einer echten Freiheitslehre für die Person — steht uns gerade von allen ursprünglichen Philosophen zeitlich besonders nahe: Bergsons[6] Formel "Dieu se fait"[7] kann geradezu als vorbildlicher kurzer Ausdruck der echten pantheistischen, d. h. der Freiheits=Lehre bezeichnet werden. — Gott, das heißt: das belebte überpersönliche Ganze, "macht sich" nach echt

---
1) Wechselbegriff, d. h. ein Begriff, der einen anderen voraussetzt.
2) Eingeschlossen, einbegriffen.   3) Sich entwickelnd, entfaltend.
4) Ganzheit ist das, was sein Wesen verliert, falls ihm etwas genommen wird. "Überpersönliche Ganzheit" ist ein streng philosophischer Ausdruck für "Gott".
5) Lehre, daß "alles Gott" ist, daß also Gott und Welt gleichbedeutende Begriffe sind.
6) Französischer Philosoph, geb. 1859.   7) "Gott macht sich."

Philosophie der Neuzeit

pantheistischer Lehre in seinem Werden in echter Freiheit, durch nichts, auch nicht durch sein unauseinandergelegtes „Wesen" bestimmt; also durchaus unbestimmt. Gott macht sich. Gott „hat" gar kein Wesen, er „wird" sein Wesen. Erst was von seinem Wesen jeweils geworden ist, das kann anderes bestimmen. —

Wir haben bis jetzt nur eine Frage aufgeworfen, wir haben uns nicht entschieden. Wie nun sollen wir uns entscheiden, und sollen wir das überhaupt tun?

Ich meine, es läßt sich aus den obersten Grundsätzen unserer Wirklichkeitslehre heraus zeigen, daß wir uns in der Frage des Vorherbestimmtseins überpersönlicher Ganzheit im Wirklichen, also in Sachen der Freiheitsfrage, gar nicht entscheiden können:

Wir wissen vom Wirklichen nur, daß die Lehre von ihm, die Wirklichkeitslehre oder „Metaphysik", so geartet sein muß, daß ihr Inhalt den Inhalt der Ordnungslehre oder Logik, die „Erfahrung" im weitesten Wortsinne also, mitsetzt, aus sich folgen läßt. Was wir nun allein haben, wovon wir ausgehen, das ist die Erfahrung. Wir haben also die Folge, wir suchen den Grund; der aber läßt sich wohl gelegentlich einmal mit einem gewissen Grade von Wahrscheinlichkeit, aber nie mit Eindeutigkeit finden.

Gerade im Gebiete der Lehre vom Werden von überpersönlicher Ganzheit liegen die Dinge nun so, daß eine metaphysische Entscheidung mit Rücksicht auf ihr Bestimmtsein oder Nichtbestimmtsein durch ein ruhendes vollendetes Ganze durchaus unmöglich ist. Erfahrung, die allein wir haben, nämlich lehrt uns die überpersönliche Ganzheit — und auch das alles ja nur vermutungsweise — als einmalig und unvollendet kennen. Das aber würde ja gleichermaßen der Fall sein, sowohl wenn Gott sein „Wesen" nur noch nicht völlig entfaltet oder aktualisiert hätte, als auch, wenn er sein Wesen, sich selbst, erst „machte". — Unentscheidbar also ist auf dem Boden strenger Lehre die Frage, ob Pantheismus, im echten Sinne, oder ob Nicht-Pantheismus die wahre Lehre sei; unentscheidbar ist die Frage nach Freiheit.

Medicus.
Aus der Schrift: Die Freiheit des Willens und ihre Grenzen.

Die Atome, sagt Weyl[1], sind „nicht etwas räumlich Ausgedehntes": die Materie gilt ihm und gilt der modernen Physik „als ein Agens[2], das seinem Wesen nach jenseits von Raum und Zeit liegt; dieses aus unzählbaren an sich verbindungslosen Individuen[3] (Atomismus!) bestehende Agens nennen wir ‚Materie', sofern wir es als Ursache der im Felde[4] sich ausbreitenden, die Individuen zu einer Welt zusammenknüpfenden Wirkungen betrachten. Seiner inneren Beschaffenheit nach mag es ebensowohl schöpferisches Leben und Wille wie Materie sein". — Die Materie ist nicht im Raum, sie erfüllt ihn nicht passiv, sondern sie erfüllt ihn durch ihre Aktivität. Und diese Aktivität kann, weil sie Aktivität sein soll, nicht mehr in einer Formel von mathematischer Notwendigkeit ausgedrückt werden. — Aber wie stimmt solcher Verzicht auf die Feststellung kausaler Notwendigkeit, ja, das Zulassen der Möglichkeit kausalitätsloser Vorgänge zur kantischen Begründung der Allgemeingültigkeit der Kausalordnung? Da ist kein Widerspruch: denn das Reich, für das die kausale Notwendigkeit dem kantischen Beweis entsprechend ausnahmslose Geltung beansprucht, ist die Welt in Raum und Zeit. Der exakte Kausalgedanke verliert seine Berechtigung, ja selbst seinen Sinn, wenn die Sphäre der extensiven[5], meßbaren Größen, d. h. das räumlich-zeitliche Dasein zurückgelassen wird. Der wesentliche Unterschied zwischen dem alten und dem neuen Atomismus besteht aber eben darin, daß jener allerdings sich lediglich auf dieses Reich bezog, während der neue Atomismus die Materie dem räumlich-zeitlich ausgedehnten Dasein überordnet, sie ihm also ausdrücklich nicht einordnet. Die Welt in Raum und Zeit ist identisch mit der Welt der Gegenstände (im buchstäblichen Sinne des Wortes). Es darf demnach auch gesagt werden: die Materie der neuen Physik ist im Unterschied von der der alten nicht Gegenstand. Sie ist so wenig Gegenstand, wie wir selbst Gegenstände sind — wir selbst als Persönlichkeiten, die wir Freiheit für uns in Anspruch nehmen.

---
1) Physiker der Gegenwart.
2) Wörtlich: das Treibende; Kraftquelle.   3) Einzelwesen.
4) D. h. in dem Kraftfelde, das ein Kraftmittelpunkt um sich her erzeugt.
5) Ausgedehnt.

In der gegenständlichen Welt ist die kausale Verknüpfung unentrinnbar: sie ist eine der Formen, die den subjektiven Wahrnehmungsinhalten gegenständliche Geltung geben; sie liegt der gegenständlichen Welt als solcher zugrunde. Darum ist die Freiheit, wie das schon aus der kantischen Lehre entnommen werden konnte, keine objektive Eigenschaft: wenn wir frei sind, sind wir es, sofern wir diesseits der objektiven Welt beheimatet sind. Aber während sich Kant von der Einsicht in die Ungegenständlichkeit der Freiheit aus in fragwürdige Spekulationen über das Reich der Dinge an sich verlor, ohne doch begreiflich machen zu können, wie von ihm aus ein Herüberwirken in das räumlich-zeitliche Dasein möglich ist, so daß ihm die Freiheit zum unlösbaren Rätsel wurde — hat nunmehr die den Bedingungen von Raum und Zeit übergeordnete Wirklichkeit einen sehr klaren und sogar dem physikalischen Experiment zugänglichen Sinn.

Goethe.
Aus einem Briefe an Schiller vom 31. Juli 1799.

Unter anderen Betrachtungen bei diesem Werke[1] war ich auch genötigt, über den freien Willen, über den ich mir sonst nicht leicht den Kopf zerbreche, zu denken; er spielt in dem Gedicht, sowie in der christlichen Religion überhaupt, eine schlechte Rolle. Denn sobald man den Menschen von Haus aus für gut annimmt, so ist der freie Wille das alberne Vermögen, aus Wahl vom Guten abzuweichen und sich dadurch schuldig zu machen; nimmt man aber den Menschen natürlich als bös an, oder, eigentlich zu sprechen, in dem tierischen Falle, unbedingt von seinen Neigungen hingezogen zu werden, so ist alsdann der freie Wille freilich eine vornehme Person, die sich anmaßt, aus Natur gegen die Natur zu handeln.

Aus dem Gespräche mit Eckermann vom 12. Oktober 1825.

Was wissen wir denn, und wie weit reichen wir mit all unserem Witze! Der Mensch ist nicht geboren, die Probleme der Welt zu lösen, wohl aber zu suchen, wo das Problem angeht und sich sodann in der Grenze des Begreiflichen zu halten. Die Handlungen des Universums zu messen, reichen seine Fähigkeiten nicht hin, und in das Weltall

---
1) Milton, Das verlorene Paradies.

Vernunft bringen zu wollen, ist bei seinem kleinen Standpunkte ein sehr vergebliches Bestreben. Die Vernunft der Menschen und die Vernunft der Gottheit sind zwei sehr verschiedene Dinge. Sobald wir dem Menschen die Freiheit zugestehen, ist es um die Allwissenheit Gottes getan; denn sobald die Gottheit weiß, was ich tun werde, bin ich gezwungen zu handeln, wie sie es weiß. Dieses führe ich nur an als ein Zeichen, wie wenig wir wissen, und daß an göttlichen Geheimnissen nicht gut zu rühren ist.

Aus der Geschichte der Farbenlehre.

Das Hauptfundament des Sittlichen ist der gute Wille, der seiner Natur nach nur aufs Rechte gerichtet sein kann; das Hauptfundament des Charakters ist das entschiedene Wollen ohne Rücksicht auf Recht und Unrecht, auf Gut und Böse, auf Wahrheit und Irrtum. — Der Wille gehört der Freiheit, er bezieht sich auf den inneren Menschen, den Zweck; das Wollen gehört der Natur und bezieht sich auf die äußere Welt, auf die Tat.

Aus der Dichtung: Urworte. Orphisch.

Dämon.

Wie an dem Tag, der dich der Welt verliehen,
die Sonne stand zum Gruße der Planeten,
bist alsobald und fort und fort gediehen
nach dem Gesetz, wonach du angetreten.
So mußt du sein, dir kannst du nicht entfliehen,
so sagten schon Sibyllen, so Propheten;
und keine Zeit und keine Macht zerstückelt
geprägte Form, die lebend sich entwickelt.

Aus dem Gedichte: Das Vermächtnis.

Sofort nun wende dich nach innen,
das Zentrum findest du da drinnen,
woran kein Edler zweifeln mag.
Wirst keine Regel da vermissen;
denn das selbständige Gewissen
ist Sonne deinem Sittentag.

Literatur zur Weiterbildung.

August Messer, Ethik. Handbuch für höhere Schulen, herausgeg. von R. Jahnke. 2. Aufl., Leipzig 1925. S. 30—42. S. 133 Zusammenstellung der wichtigsten neueren Schriften über das Problem der Willensfreiheit.

G. F. Lipps, Das Problem der Willensfreiheit. Aus Natur und Geisteswelt 383. 2. Aufl., Leipzig-Berlin 1919. Gibt einen guten Überblick auch über die Geschichte des Problems.

Wilhelm Windelband, Über Willensfreiheit. Tübingen und Leipzig 1904. Ungemein gehaltvolle, klare Darstellung.

Karl Joel, Der freie Wille. München 1908. Ausführliche Behandlung des Problems in Form eines Dialogs, vorzüglich zur Einführung geeignet.

Nicolai Hartmann, Ethik. Berlin und Leipzig 1926. S. 565—746. Tief eindringende, umfassende Erörterung des Problems.

Quellen.

Aristoteles, Nikomachische Ethik III, 3—7. Übersetzt von E. Rolfes. Philos. Bibl. Bd. 5. 2. Aufl., Leipzig 1911. S. 42 ff.

Augustinus, Gottesstaat XII, 8; XIII, 14; XIV, 11; XXII, 30. Übersetzt von A. Schröder. Bibliothek der Kirchenväter. Kempten und München 1914 und 1916. II, S. 213; S. 267; S. 325 f. III, S. 518 f.

Cathrein S. J., Victor, Moralphilosophie. 6. Aufl., Leipzig 1924. I., S. 46 ff.

Chrysippos: W. Nestle, Die Nachsokratiker. Jena 1923. II, S. 33 (Nr. 23); S. 64 (Nr. 128).

Driesch, Hans, Wirklichkeitslehre. 2. Aufl., Leipzig 1922. S. 117 ff.

Epiktetos: W. Nestle, Die Nachsokratiker. Jena 1923. II, S. 211 (Nr. 27); S. 212 (Nr. 28).

Fichte, Werke, herausgeg. von F. Medicus. Philos. Bibl. Bd. 127—132. Leipzig. III, S. 395; S. 377. V, S. 483.

Goethe, Brief an Schiller vom 31. Juli 1799. — Gespräch mit Eckermann. Mittwoch, den 12. Oktober 1825. — Geschichte der Farbenlehre: Newtons Persönlichkeit. — Gedichte. Abteilung „Gott und Welt": Urworte. Orphisch. „Dämon". — Vermächtnis, 3. Strophe.

Kant, Kritik der reinen Vernunft, herausgeg. von R. Schmidt. Philos. Bibl. Bd. 37a. Leipzig 1926. S. 527 ff. — Kritik der praktischen Vernunft, herausgeg. von K. Vorländer. Philos. Bibl. Bd. 38. 5. Aufl., Leipzig 1906. S. 125 ff.

Laplace, Philosophischer Versuch über die Wahrscheinlichkeiten. (Essai philosophique sur les probabilités.) 2. Aufl., Paris 1814. S. 3 f.

v. Liszt, Franz, Strafrechtliche Aufsätze und Vorträge. II. Bd. Berlin 1905. 22. Die strafrechtliche Zurechnungsfähigkeit. S. 219 ff.

Lucretius, Von der Natur II, 217 ff.; 251 ff. Übersetzt von H. Diels. Berlin 1924. S. 52 ff.

Luther, Vom verknechteten Willen. Übersetzt von O. Scheel. Luthers Werke, Ergänzungsband II. Berlin 1905. S. 268; S. 381; S. 399 ff.; S. 390.

Medicus, Fritz, Die Freiheit des Willens und ihre Grenzen. Tübingen 1926. S. 89; S. 92 f.

Platon, Gesetze X, 12. Übersetzt von O. Apelt. Philos. Bibl. Bd. 160. Leipzig 1916. II, S. 428.

Plotinos, Enneaden VI, 8, 6. Übersetzt von O. Kiefer. Jena und Leipzig 1905. I, S. 95 f.

Schiller, Über Anmut und Würde. Anfang des „Würde" betitelten Abschnitts. — Das Ideal und das Leben, 11. Strophe.

Schopenhauer, Über die Freiheit des menschlichen Willens. Werke, herausgeg. von Frauenstädt. Leipzig 1908. IV, S. 56 ff.

Spinoza, Ethik. I. Teil, Definition 7; II. Teil, Lehrsatz 48; Anmerkung zu Lehrsatz 35; III. Teil, Anmerkung zu Lehrsatz 2. Übersetzt von O. Baensch. Philos. Bibl. Bd. 92. 6. Aufl., Leipzig 1905. S. 2; 88; 75; 105.

Wobbermin, Georg, Wesen und Wahrheit des Christentums. 2. und 3. Aufl., Leipzig 1926. S. 340 ff.

Das Problem der Willensfreiheit. Volkshochschulvorträge. Von Prof. Dr. G. F. Lipps. 2. Aufl. (ANuG Bd. 383.) Geb. RM 2.—

„Diese kleine Schrift dürfte das Beste sein, was in den letzten Jahrzehnten zu diesem Welträtsel gesagt ist." (Köln. Zeitung.)

Der Wille. Versuch einer psychologischen Analyse. Von Dr. E. Wentscher. Geh. RM 3.—, geb. RM 4.—

„Das Buch orientiert in ausgezeichneter Weise über neuere und neueste Willenstheorien, und es verbindet mit nüchternem Wirklichkeitssinn feinstes Verständnis für den Wert der Ideale, die durch die erörterten Probleme berührt werden." (Theol. Literaturztg.)

Grundzüge der Ethik mit besonderer Berücksichtigung der pädagogischen Probleme. 2. Aufl. Von Dr. E. Wentscher. (ANuG Bd. 397.) Geb. RM 2.—

„Die Darlegungen der Verfasserin über das sittliche Ideal, das Problem der Willensfreiheit, die Fortwirkung des sittlichen Ideals im Leben und die ethische Begründung der Pädagogik sind ebenso tiefgehend wie formvollendet…." (Frankfurter Zeitung.)

Geschichte der Philosophie in 7 Bdn. (ANuG Bd. 741/47.) Geb. je RM 2.—

I. Griechische Philosophie von Thales bis Plato. Von Prof. Dr. E. Hoffmann. (Bd. 741.) V. Das Jahrhundert der Aufklärung. (Vom englischen Empirismus bis Kant.) Von Prof. Dr. S. Marck. (Bd. 745.) VI. Der deutsche Idealismus. (Nachkantische Philosophie, erste Hälfte.) Von Prof. Dr. J. Cohn. (Bd. 746.) VII. Die Philosophie im Zeitalter des Spezialismus. (Nachkantische Philosophie, zweite Hälfte.) Von Prof. Dr. J. Cohn. (Bd. 747.)

In Vorbereitung befinden sich 1928: Bd. II. Von Aristoteles bis Plotin. (742.) Bd. III. Philosophie des Mittelalters und der Renaissance. (743.) Bd. IV. Philosophie von Descartes bis Leibniz. (744.)

Führende Denker. Geschichtliche Einleitung in die Philosophie. Von Prof. Dr. J. Cohn. 5., durchg. Aufl. Mit 6 Bildnissen. (ANuG Bd. 176.) Geb. RM 2.—

Griechische Weltanschauung. Von Prof. Dr. M. Wundt. 2. Auflage. (ANuG Bd. 329.) Geb. RM 2.—

Augustins Gottesstaat. Auswahl von Studiendirektor Dr. A. Kurfeß. (Eclogae graecolatinae Heft 14.) Kart. RM —.70 [*Best.-Nr. 2017*]

Luther im Lichte der neueren Forschung. Ein kritischer Bericht von Prof. Dr. H. Boehmer. 5. Aufl. Mit 4 Bildnissen Luthers. Geb. RM 8.—

Martin Luther und die deutsche Reformation. Von Professor Dr. W. Köhler. 2., verb. Aufl. Mit 1 Bildn. Luthers. (ANuG Bd. 515.) Geb. RM 2.—

D. Martin Luthers Briefe. Ausgewählt von Superintendent D. Dr. G. Buchwald. Mit 1 Bildnis und 1 Handschrift. Geh. RM 6.—, geb. RM 7.—

Schopenhauer. Seine Persönlichkeit, seine Lehre, seine Bedeutung. Von Ministerialrat H. Richert. 4. Aufl. Mit einem Bildnis. (ANuG Bd. 81.) Geb. RM 2.—

Immanuel Kant. Darstellung und Würdigung von Geh. Hofrat Prof. Dr. O. Külpe. Mit 1 Bildnis. 5. Aufl., hrsg. von Oberschulrat Prof. Dr. A. Messer. (ANuG Bd. 146.) Geb. RM 2.—

Das Grundproblem Kants. Eine kritische Untersuchung und Einführung in die Kant-Philosophie. Von Prof. Dr. A. Brunswig. RM 6.—, geb. RM 8.—

Die Philosophie der Gegenwart in Deutschland. Von Geh. Hofrat Prof. Dr. O. Külpe. 7., verb. Aufl. (ANuG Bd. 41.) Geb. RM 2.—

Philosophisches Wörterbuch. Von Studienrat Dr. P. Thormeyer. (Teubners kleine Fachwörterbücher. Band 4.) 3. Aufl. Geb. RM 4.—

Verlag von B. G. Teubner in Leipzig und Berlin

MIX
Papier aus verantwortungsvollen Quellen
Paper from responsible sources
FSC® C105338

If you have any concerns about our products,
you can contact us on
ProductSafety@springernature.com

In case Publisher is established outside the EU,
the EU authorized representative is:
**Springer Nature Customer Service Center GmbH
Europaplatz 3, 69115 Heidelberg, Germany**

Printed by Libri Plureos GmbH
in Hamburg, Germany